普通高等院校"十三五"规划实验教材

近代物理实验教程

主 编　王　筠
副主编　童爱红　祁红艳
　　　　冯国强　李　杰
参　编　吉紫娟　郑秋莎　李志浩
审稿人　戴　伟

U0303399

华中科技大学出版社
中国·武汉

内 容 简 介

本书内容涉及原子和原子核物理、光电技术、光学和光纤通信技术,以及材料物理等 4 个单元共 27 个实验项目,在培养学生严谨的治学态度、活跃的创新意识、理论联系实际和适应科技发展的综合能力等方面具有其他实践类课程不可替代的作用。

本书可作为理工科大学近代物理实验教材,也可供实验技术人员参考使用。

图书在版编目(CIP)数据

近代物理实验教程/王筠主编. —武汉:华中科技大学出版社,2018.12(2024.12 重印)
普通高等院校"十三五"规划实验教材
ISBN 978-7-5680-4824-8

Ⅰ.①近… Ⅱ.①王… Ⅲ.①物理学-实验-高等学校-教材 Ⅳ.①O41-33

中国版本图书馆 CIP 数据核字(2018)第 281110 号

近代物理实验教程
Jindai Wuli Shiyan Jiaocheng

王 筠 主编

策划编辑:汪 富
责任编辑:程 青
封面设计:刘 卉
责任监印:周治超
出版发行:华中科技大学出版社(中国·武汉)　　　电话:(027)81321913
　　　　　武汉市东湖新技术开发区华工科技园　　　邮编:430223
录　　排:武汉楚海文化传播有限公司
印　　刷:武汉邮科印务有限公司
开　　本:787mm×1092mm　1/16
印　　张:8.25
字　　数:203 千字
版　　次:2024 年 12 月第 1 版第 6 次印刷
定　　价:32.00 元

华中出版

普通高等院校"十三五"规划实验教材

编审委员会

（排名不分先后）

编写委员会

（排名不分先后）

前　言

　　物理学是研究物质的基本结构、基本运动形式、相互作用及其转化规律的自然科学。它的基本理论渗透在自然科学的各个领域,应用于生产技术的许多部门,是其他自然科学和工程技术的基础。物理学本质上是一门实验科学。物理实验是科学实验的先驱,体现了大多数科学实验的共性,在实验思想、实验方法以及实验手段等方面是各学科科学实验的基础。物理实验课是高等理工科院校对学生进行科学实验基本训练的必修基础课程,是本科生接受系统实验方法和实验技能训练的开端。物理实验课覆盖面广,具有丰富的实验思想、方法、手段,同时能提供综合性很强的基本实验技能训练,是培养科学实验能力、提高科学素质的重要基础。它在培养学生严谨的治学态度、活跃的创新意识、理论联系实际和适应科技发展的综合能力等方面具有其他实践类课程不可替代的作用。

　　当今世界高新技术层出不穷,本书内容涉及原子和原子核物理、光电技术、光学和光纤通信技术,以及材料物理等4个单元共27个实验项目。

　　本书总结了湖北第二师范学院从事近代物理实验教学教师多年来的实验教学经验及教学改革的成果,是在相互取长补短的基础上集体创作而成的。参加编写的人员有湖北第二师范学院的祁红艳、冯国强、李杰、吉紫娟、郑秋莎、李志浩和王筠等。全书由王筠统稿、定稿,戴伟审校。

　　由于编者水平有限以及时间紧迫,书中难免有疏漏和不妥之处,恳请读者批评指正。

编　者

2018 年 9 月

目　　录

第1章 原子与原子核物理实验

本章共有 8 个实验项目,包括 OMA 研究氢氘原子光谱、密立根油滴实验、塞曼效应实验、夫兰克-赫兹实验、电子衍射实验、核磁共振、光电效应和普朗克常量测定及真空的获得与测量。

实验 1-1 OMA 研究氢氘原子光谱

光谱线系的规律与原子结构有内在的联系,因此,原子光谱是研究原子结构的一种重要方法。1885 年,巴尔末总结了人们对氢光谱的测量结果,发现了氢光谱的规律,提出了著名的巴尔末公式。氢光谱规律的发现为玻尔理论的建立提供了坚实的实验基础。1932 年,尤里根据里德伯常量随原子核质量不同而变化的规律,对重氢莱曼线系进行摄谱分析,发现氢的同位素——氘的存在。通过巴尔末公式求得的里德伯常量是物理学中少数几个最精确的常数之一,成为检验原理可靠性的标准和测量其他基本物理常数的依据。

【实验目的】

(1)熟悉光栅光谱仪的性能与用法。
(2)用光栅光谱仪测量氢(氘)原子光谱巴尔末线系的波长,求里德伯常量。

【实验仪器】

光学多通道分析仪、原子定标灯(氦灯、氖灯、汞灯)、氢氘灯、WGD-8A 型光栅光谱仪(原理详见附 1)。

【实验原理】

原子光谱是线光谱,光谱排列的规律不同,反映出原子结构的不同,研究原子结构的基本方法之一是进行光谱分析。

氢(氘)原子光谱是最简单、最典型的原子光谱。瑞士物理学家巴尔末根据实验结果给出氢原子光谱在可见光区域的经验公式为

$$\lambda_H = B \frac{n^2}{n^2-4} \tag{1-1-1}$$

式中:λ_H 为氢原子谱线在真空中的波长,$B=364.56$ nm,$n=3,4,5,\cdots$。

根据式(1-1-1)可计算出 H_α、H_β、H_γ、H_δ 各谱线波长。式(1-1-1)是巴尔末根据实验结

果首先总结出来的,故称为巴尔末公式。

若用波数 $\tilde{\nu}=1/\lambda$ 表示谱线,则式(1-1-1)可改写为

$$\tilde{\nu}=\frac{1}{B}\left(\frac{n^2-4}{n^2}\right)=\frac{4}{B}\left(\frac{1}{2^2}-\frac{1}{n^2}\right)=R_{\mathrm{H}}\left(\frac{1}{2^2}-\frac{1}{n^2}\right) \tag{1-1-2}$$

式中:R_{H} 为里德伯常量。

根据玻尔理论,可得出氢和类氢原子的里德伯常量为

$$R_Z=\frac{2\pi^2\mu e^4 Z^4}{(4\pi\varepsilon_0)^2 h^3 c}=\frac{2\pi^2 e^4 Z^4}{(4\pi\varepsilon_0)^2 h^3 c}\cdot\frac{m}{1+\frac{m}{M}}=\frac{R_\infty}{1+\frac{m}{M}} \tag{1-1-3}$$

式中:M 为原子核质量;m 为电子质量;e 为电子电荷;c 为光速;h 为普朗克常量;ε_0 为真空介电常数;Z 为原子序数。

当 $M\rightarrow\infty$ 时,可得里德伯常量为

$$R_\infty=\frac{2\pi^2 m e^4 Z^4}{(4\pi\varepsilon_0)^2 h^3 c}$$

里德伯常量 R_∞ 是重要的基本物理常量之一,对它的精密测量在科学上有重要意义,它的公认值为 $R_\infty=10\ 973\ 731.568\ 549\ \mathrm{m}^{-1}$。

对于没有测定的某些元素,其里德伯常量为

$$R_Z=\frac{R_\infty}{1+m/M}$$

氢和氘的里德伯常量为

$$R_{\mathrm{H}}=\frac{R_\infty}{1+m/M_{\mathrm{H}}} \tag{1-1-4}$$

$$R_{\mathrm{D}}=\frac{R_\infty}{1+m/M_{\mathrm{D}}} \tag{1-1-5}$$

可见,氢和氘的里德伯常量是有差别的,其结果就是氘的谱线相对于氢的谱线会有微小的位移,叫同位素位移。λ_{H} 和 λ_{D} 是能够直接精确测量的量,测出它们,也就可以计算出氢和氘的里德伯常量。由式(1-1-4)、式(1-1-5)可解出

$$\frac{M_{\mathrm{D}}}{M_{\mathrm{H}}}=\frac{R_{\mathrm{D}}/R_{\mathrm{H}}}{1-(R_{\mathrm{D}}/R_{\mathrm{H}}-1)M_{\mathrm{H}}/m_e} \tag{1-1-6}$$

式中:M_{H}/m_e 为氢原子核质量与电子质量之比(取值为 1836),如果通过实验测出 $R_{\mathrm{D}}/R_{\mathrm{H}}$,则可算出氢与氘原子核质量比。

由于氢与氘的光谱有相同的规律性,故氢和氘的巴尔末公式的形式相同,分别为

$$\frac{1}{\lambda_{\mathrm{H}}}=\tilde{\nu}_{\mathrm{H}}=R_{\mathrm{H}}\left(\frac{1}{2^2}-\frac{1}{n^2}\right) \tag{1-1-7}$$

$$\frac{1}{\lambda_{\mathrm{D}}}=\tilde{\nu}_{\mathrm{D}}=R_{\mathrm{D}}\left(\frac{1}{2^2}-\frac{1}{n^2}\right) \tag{1-1-8}$$

式中:λ_{D} 为氘的各谱线波长。实验中只要测得各谱线的 λ_{H} 或 λ_{D},并辨认出与各谱线对应的 n,即可算出 R_{H} 与 R_{D}。

【实验内容及步骤】

(1)熟悉仪器的各部分结构,掌握仪器的工作原理。

（2）先打开光栅光谱仪电源开关，然后进入计算机应用软件系统，熟悉软件的应用。

（3）分别确定巴尔末系的 H_α、H_β、H_γ、H_δ 四条谱线的波长范围，进行单程扫描，经寻峰后，根据氢光谱的理论值对已得的峰值进行数据修正，记下各波长范围内的 λ_H 和 λ_D，汞灯标准线如图 1-1-1 所示。

（4）把测量数据代入式（1-1-7）、（1-1-8）中，计算出相应的里德伯常量 R_H 和 R_D，把 R_H 的平均值与 R_D 的平均值代入式（1-1-6），计算出氘与氢原子核质量比 M_D/M_H。

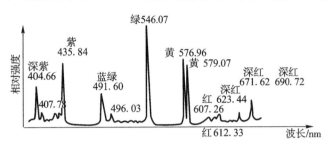

图 1-1-1　汞灯标准线

【实验数据及结果】

根据记录的谱线的波长，计算相应的里德伯常量，并计算氘与氢原子核质量比，写出详细计算过程。

【思考题】

（1）在同一 n 值下氢氘谱线的波长 λ_H 与 λ_D，哪一个大一点？为什么？

（2）对于不同的原子，是什么原因使里德伯常量发生了变化？

附 1：WGD-8A 型光栅光谱仪原理

【实验原理】

WGD-8A 型组合式多功能光栅光谱仪由光栅单色仪、接收单元、扫描系统、电子放大器、A/D 采集单元、计算机组成，光学原理如图 1-1-2 所示。

入射狭缝、出射狭缝均为直狭缝，宽度范围为 0～2 mm 连续可调（顺时针狭缝变宽，逆时针狭缝变小），光源发出的光束进入狭缝 S_1，S_1 位于反射式准光镜 M_2 焦面上，通过 S_1 射入的光束经 M_2 反射成平行光束投向平面光栅 G（2400 条/mm，波长范围 200～660 nm）上，衍射后的平行光束经 M_3 在 S_2（光电倍增管接收）或 S_3（CCD 接收）上成像。

在光栅光谱仪中常使用反射式闪耀光栅，如图 1-1-3 所示，锯齿形是光栅刻痕形状。现考虑相邻刻槽的相应点上反射的光线。PQ 和 $P'Q'$ 是以 θ 角入射的光线，QR 和 $Q'R'$ 是以 θ' 角衍射的两条光线。PQR 和 $P'Q'R'$ 两条光线之间的光程差是 $b(\sin\theta + \sin\theta')$，其中 b 是相邻刻槽间的距离,称为光栅常数。当光程差满足光栅方程(1-1-9)时,光强有一极大值,或者说将出现一条亮的光谱线。

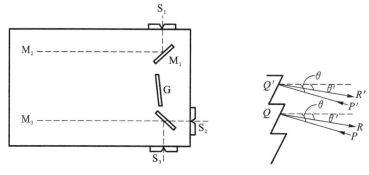

图 1-1-2　光栅光谱仪原理图　　　　　图 1-1-3　闪耀光栅示意图

$$b(\sin\theta+\sin\theta')=k\lambda,\quad k=0,\pm1,\pm2,\cdots \tag{1-1-9}$$

对同一 k,根据 θ、θ' 可以确定衍射光的波长 λ,这就是光栅测量光谱的原理。闪耀光栅将同一波长的衍射光集中到某一特定的级 k 上。

为了对光谱进行扫描,将光栅安装在转盘上,转盘由电极驱动,转动转盘,可以改变入射角 θ,改变波长范围,实现较大波长范围内的扫描。软件的初始化工作,就是改变 θ 的大小,改变测试波长范围。

【实验内容及步骤】

1. 准备

(1)将转换开关(机箱后板)置"光电倍增管"挡(本实验用光电倍增管接收),接通电箱电源,将电压调至 400~500 V。根据光源等实际情况,调节 S_1、S_2、S_3 狭缝宽度。为保护狭缝,其宽度最大不能超过 2.5 mm,也不要使狭缝刀口相接触。调节时动作要轻。

(2)打开计算机,点击 WGD-8A 型组合式多功能光栅光谱仪控制处理软件,选择"光电倍增管"。

(3)初始化。屏幕显示工作界面,弹出对话框,用户确认当前的波长位置是否有效,是否初始化。如果选择"确定",则确认当前的波长位置,不再初始化;如果选择"取消",则初始化,波长位置回到 200 nm 处。

(4)熟悉软件界面。工作界面主要由菜单栏、主工具栏、辅工具栏、工作区、状态栏、参数设置区以及寄存器信息提示区等组成。菜单栏中有"文件"、"信息/视图"、"工作"、"读取数字"、"数据图形处理"、"关于"等菜单项,与一般的 Windows 应用程序类似。

2. 参数设置

(1)工作方式。模式:所采集的数据格式,有能量、透过率、吸光度、基线。测光谱时选择能量。间隔:两个数据点间的最小波长间隔,根据需要在 0.01~1.00 nm 之间选择。

(2)工作范围。在起始、终止波长(200~660 nm)和最大、最小值 4 个编辑框中输入相应的值,确定扫描时的范围。

（3）负高压。设置提供给光电倍增管的负高压大小,设 1～8 共 8 挡。增益:设置放大器的放大率,设 1～8 挡。

（4）采集次数。在每个数据点,采集数据区平均的次数。拖动滑块,可在 1～1000 次之间改变。

在参数设置区中,选择"数据"项,在"寄存器"下拉列表框中选择某一寄存器,在数据框中显示该寄存器的数据。参数设置区中,"系统"、"高级"两个选项一般不用改动。

3. 波长定标

（1）取下氘灯,把汞灯置于狭缝 S_1 前,使光均匀照亮狭缝。

（2）在软件界面中用鼠标点击"新建",再点击"单程"进行扫描,工作区内显示汞灯谱线图。

（3）下拉菜单选择"读取数据"→"寻峰"→"自动寻峰",在对话框中选择好寄存器,进行寻峰,读出波长,与汞灯已知谱线（见图 1-1-1）波长进行比较。

（4）下拉菜单选择"工作"→"检索",在对话框中输入需校准的波长值,当提示框自动消失时,波长被校准。

4. 氢(氘)原子光谱的测量

（1）将光源换成氢(氘)灯,测量氢(氘)光谱的谱线。注意:换灯前,先关闭原来的光源,选择待测光源,再开启光源。

（2）进行单程扫描,获得氢(氘)光谱的谱线,通过"寻峰"求出巴尔末线系 3～4 条谱线的波长。

在单程扫描过程中发现峰值超过最大值,可点击"停止"。然后寻找最高峰对应的波长,进行定波长扫描,同时调节狭缝,将峰值调到合适位置。再将波长范围设置成 200～660 nm,再单程扫描。扫描完毕,保存文件。

实验 1-2　密立根油滴实验

【实验目的】

（1）学习密立根油滴实验设计的物理构思。

（2）验证电量的量子性。

（3）测定电量的最小单位。

【实验仪器】

密立根油滴仪、喷嘴。

【实验原理】

密立根油滴实验测定电子电荷的基本设计思想是使带电油滴在测量范围内处于受力平衡的状态,这种测电子电荷的方法称为油滴法。按油滴做匀速运动或静止两种运动方式分类,油滴法测电子电荷分动态测量法和平衡测量法。

1.动态法测量

1)带电油滴在重力场中的运动

油滴进入电场为零的电容器中,受重力和空气浮力的作用,其合成力用 F 表示。在 F 作用下,油滴向下加速运动,同时受空气黏滞阻力作用,空气阻力用 f 表示。

$$F=\frac{4\pi}{3}r^3(\sigma-\rho)g$$

$$f=6\pi\eta rv$$

式中:σ 和 ρ 分别为油滴和空气的密度;r 为油滴半径平均值;η 为空气黏滞系数。

当速度增大到某一数值 v_g 时,F 和 f 相等,油滴在重力场中以速度 v_g 匀速下降,即

$$\frac{4\pi}{3}r^3(\sigma-\rho)g=6\pi\eta rv_g$$

则
$$v_g=\frac{2}{9}\frac{r^2(\sigma-\rho)g}{\eta}\quad\text{或}\quad r=\left[\frac{9\eta v_g}{2(\sigma-\rho)g}\right]^{1/2}$$

注意,以上推导要求油滴半径应远大于空气分子的平均自由程(标准状态下约为 10^{-7} m),即油滴半径应为 10^{-5} m,如果 r 约为 10^{-6} m,需要对 η 进行一级修正,即将 η 乘以修正因子 $1/\left(1+\frac{b}{pr}\right)$,这时实验测得的 r 修正为

$$r'=\left[\frac{9\eta v_g}{2(\sigma-\rho)g\left(1+\frac{b}{pr}\right)}\right]^{1/2}$$

式中:p 为大气压,以 mmHg 为单位;常数 $b=6.25\times10^{-6}$ m · mmHg(1 mmHg=133 Pa)。

2)带电油滴在电场和重力场中的运动

对电容器施加使带电油滴向上运动的电场后,油滴将受到电场力 qE、F 和 f 的作用,当上升速度达到 v_e 时,上述三力的合力为零,即 $q\mathbf{E}+\mathbf{F}+\mathbf{f}=\mathbf{0}$,油滴将以速度 v_e 向上做匀速运动,v_e 与 q 的关系为

$$qE=\frac{4\pi}{3}r^3(\sigma-\rho)g+6\pi\eta r'v_e$$

式中:$E=U/d$,U 为平板间电压。利用上面求得的 r 和 r' 的表达式及测量得到的 v_e 和 v_g,可计算油滴所带电量:

$$q=\frac{kd}{U}\left[\frac{v_g^{3/2}}{\left(1+\frac{b}{pr}\right)^{3/2}}+\frac{v_ev_g^{1/2}}{\left(1+\frac{b}{pr}\right)^{1/2}}\right]$$

式中:
$$k=9\pi\eta^{3/2}\sqrt{\frac{2}{(\sigma-\rho)g}}$$

2.平衡法测量

对选择的带电油滴施加向上的电场力,调节电容器平板间电压 U 使油滴受到的静电力与重力及浮力相平衡,油滴静止于电容器空间的任意位置,即

$$qE = \frac{4\pi}{3}r^3(\sigma - \rho)g$$

式中的 r 要用动态法来测量,一般来说,要用 r' 来代替 r。由此得到

$$q = \frac{kd}{U}\left[\frac{v_g}{1 + \dfrac{b}{pr}}\right]^{3/2}$$

在本实验中采取的是平衡测量法。

【实验内容及步骤】

1.调整仪器

(1)熟悉所用仪器的使用方法。

(2)用水准仪调节平行板电容器呈水平状态。

(3)调节照明光的亮度适中,并调节灯座使光经导光玻璃杆集中照射油滴,使其落入孔 C 的正下方。

(4)使用长焦距显微镜聚焦。

2.实验操作练习

(1)观察油滴,根据油滴上升的快慢和亮度判断油滴的大小。

(2)控制油滴:施加电压控制中等大小的油滴使其反向运动,待它靠近上极板时,将开关 K 置于零位,油滴折回,沿原方向运动,如此反复,直到自如地控制油滴在视场中上下往复运动为止。

(3)选择油滴:按实验经验,上升或下降运动为每 5 s 左右走 1 格的油滴为大小适中的带电油滴(一般直径在 1 mm 左右),调节平衡电压使油滴平衡(平衡电压一般在 50～450 V 之间)。选择好适合的油滴后,反复改变平行板之间的电场,尽量排除视场中的其他油滴,以只保留 1～2 个待测油滴为佳。

(4)测量练习:取显微镜目镜视场分划板中间四格作为测试距离 s,在上、下各取一格作为油滴反向及油滴加速行程之用。观测者一手控制变换开关,另一手控制计时开关,适当调节电压值,使油滴在静电场中上升四格的时间 t_e 为 10～30 s,在重力场中的运动时间以 t_g 表示,则 $v_g = s/t_g$,$v_e = s/t_e$。

3.实验测量及数据处理

(1)对选定的油滴测量 5 组 t_g 值,记下所加电压 U,一共应选择 6 个不同的油滴。实验结果记入表 1-2-1。

表 1-2-1　实验 1-2 数据记录表

电荷序号	平衡电压	下降时间					电荷 q/C	电子数 n	e/C	相对误差
		t_1	t_2	t_3	t_4	t_5				
1										
2										
3										
4										
5										
6										

(2)剔除 5 个 t_g 中偏差大于 3σ 的数据,由剩下的 t_g 值分别求平均值 $\bar{t_g}$,求出 $\bar{v_g}$。

(3)将所给参数和测量值代入有关公式,计算各油滴所带电荷 q_i。

(4)用差值法求电子电量:将测量的几个 q 值两两相减,可得到一系列的 Δq_i 值,取其中最小值,$n_i = \Delta q_i/(\Delta q_i)_{min}$,并将比值按四舍五入原则取整,最后按公式 $e = \sum \Delta q_i / \sum \Delta n_i$ 计算电子电量 e,并分析其结果。

【实验数据及结果】

(1)列表给出所选取油滴的测量值 t_g。

(2)按上述数据处理方法对测量值进行数据处理,得到电子电量的测量值。

(3)分析电子电量测量结果的误差来源。

【思考题】

(1)为什么必须使油滴做匀速运动或静止? 实验室中如何保证油滴在测量范围内做匀速运动?

(2)怎样区别油滴上电荷的改变和测量时间的误差?

(3)如何确保电场力与重力方向不一致? 如果方向一致对实验有何影响?

(4)油滴分子过大有什么影响? 过小有什么影响?

实验 1-3　塞曼效应实验

塞曼效应实验是近代物理中的一个重要实验,它证实了原子具有磁矩,并证实了空间量子化现象,可由实验结果确定有关原子能级的几个量子数如 M、J 和 g 因数的值。塞曼效应有力地支持了电子自旋理论,使我们对物质的光谱、原子和分子的结构有了更多的了解。至今塞曼效应仍是研究能级结构的重要方法之一。

【实验目的】

(1)掌握塞曼效应理论,确定能级的量子数与朗德因数,绘出跃迁的能级图。

(2)掌握法布里-珀罗(F-P)标准具的原理及使用。

(3)熟练掌握光路的调节方法。

(4)了解 CCD 器件对干涉图样的采集原理。

(5)会利用计算机处理采集的实验数据。

【实验仪器】

JWC-Ⅲ型微机塞曼效应实验仪。

【实验原理】

1. 塞曼效应

当发光的光源置于足够强的外磁场中时,由于磁场的作用,每条光谱线分裂成波长很接近的几条偏振化的谱线,分裂的条数随能级的类别而不同,这种现象称为塞曼效应。正常塞曼效应谱线为三条,而且两边的两条谱线与中间谱线的裂距正好等于 $eB/4\pi mc$,这可用经典理论予以很好的解释。但实际上,大多数谱线分裂的条数多于三条,谱线的裂距是 $eB/4\pi mc$ 的简单分数倍,称反常塞曼效应,它不能用经典理论解释,只有用量子理论才能得到满意的解释。

1)原子的总磁矩与总动量矩的关系

塞曼效应的产生是原子的总磁矩(轨道磁矩和自旋磁矩)受外磁场作用的结果。在忽略核磁矩的情况下,原子中电子的轨道磁矩 $\boldsymbol{\mu}_L$ 和自旋磁矩 $\boldsymbol{\mu}_S$ 合成原子的总磁矩 $\boldsymbol{\mu}$,电子的轨道角动量 $\boldsymbol{P}_L$、自旋角动量 $\boldsymbol{P}_S$ 合成总角动量 $\boldsymbol{P}_J$,它们之间的关系可用矢量图 1-3-1 来表示。

$$\mu_L = -\frac{e}{2m}P_L \tag{1-3-1}$$

$$\mu_S = \frac{e}{2m}P_S \tag{1-3-2}$$

式中:$P_L = \frac{h}{2\pi}\sqrt{L(L+1)}$,$P_S = \frac{h}{2\pi}\sqrt{S(S+1)}$,其中,$L$、$S$ 分别表示轨道量子数和自旋量子数;e、m 分别为电子的电荷和质量。

轨道朗德因数与自旋朗德因数不同,导致 μ_L 和 P_L 的比值不同于 μ_S 和 P_S 的比值,故原子的总磁矩 $\boldsymbol{\mu}$ 不在总角动量 $\boldsymbol{P}_J$ 的延长线上。$\boldsymbol{\mu}$ 绕 $\boldsymbol{P}_J$ 的延长线旋进,$\boldsymbol{\mu}$ 在 $\boldsymbol{P}_J$ 方向上的分量 $\boldsymbol{\mu}_J$ 对外的平均效果不为零。在进行矢量叠加运算后,得到有效磁矩 μ_J 为

$$\mu_J = g\frac{e}{2m}P_J \tag{1-3-3}$$

式中:g 为朗德因数,对于 LS 耦合情况,

$$g = 1 + \frac{J(J+1) - L(L+1) + S(S+1)}{2J(J+1)} \tag{1-3-4}$$

如果知道原子态的性质,它的磁矩就可以通过式(1-3-3)、式(1-3-4)计算出来。

2)在外磁场作用下原子能级的分裂

当原子置于外磁场中时,原子的总磁矩 $\boldsymbol{\mu}_J$ 将绕外磁场 $\boldsymbol{B}$ 的方向旋进,如图 1-3-2 所示,使原子获得附加的能量:

$$\Delta E = Mg \frac{he}{4\pi m} B = Mg\mu_{\rm B} B \tag{1-3-5}$$

式中:$\mu_{\rm B}$ 为玻尔磁子。

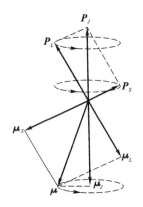

图 1-3-1　角动量和磁矩矢量图

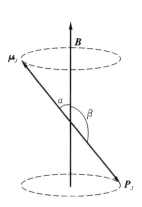

图 1-3-2　角动量旋进

3)能级分裂下的跃迁

设某一光谱线是由能级 E_2 和 E_1 之间的跃迁而产生的,则其谱线的频率 ν 同能级的关系为 $h\nu = E_2 - E_1$,在外磁场作用下,上下两能级分别分裂为 $2J_1 + 1$ 个和 $2J_2 + 1$ 个子能级,附加能量分别为 ΔE_1、ΔE_2,从上能级各子能级到下能级各子能级的跃迁产生的谱线频率 ν' 应满足:

$$h\nu' = (E_2 + \Delta E_2) - (E_1 + \Delta E_1) \tag{1-3-6}$$
$$= h\nu + (M_2 g_2 - M_1 g_1) \frac{eh}{4\pi m} B$$

即

$$\Delta\nu = \nu' - \nu = (M_2 g_2 - M_1 g_1) \frac{e}{4\pi m} B$$

用波数差 $\left(\bar{\nu} = \frac{\nu}{c}\right)$ 来表示,则

$$\Delta\bar{\nu} = \bar{\nu}' - \bar{\nu} = (M_2 g_2 - M_1 g_1) \frac{e}{4\pi mc} B \tag{1-3-7}$$
$$= (M_2 g_2 - M_1 g_1) \cdot L$$

其中:$L = \frac{e}{4\pi mc} B$ 称为洛仑兹单位。

M 的选择定则是 $\Delta M = M_2 - M_1 = 0, \pm 1$,脚标 2、1 分别代表始、终能级,其中 $\Delta M = 0$ 的跃迁谱线称为 π 光线,$\Delta M = \pm 1$ 的跃迁谱线称为 σ 光线。注意,当 $\Delta J = 0$ 时,不存在 $M_2 = 0$ 的能级向 $M_1 = 0$ 的能级的跃迁。

4）光的偏振与角动量守恒

在微观领域中，光的偏振情况是与角动量相关联的，在跃迁过程中，原子与光子组成的系统除能量守恒外，还必须满足角动量守恒的条件。$\Delta M = 0$，说明原子跃迁时在磁场方向角动量不变，因此 π 光线是沿磁场方向振动的线偏振光。$\Delta M = +1$，说明原子跃迁时在磁场方向角动量减少一个 $\hbar$，则光子获得在磁场方向的一个角动量 $\hbar$，因此沿磁场指向方向观察，可观察到逆时针的左旋圆偏振光 σ^+。同理，$\Delta M = -1$ 则可观察到顺时针的右旋圆偏振光 σ^-。

当垂直于磁场方向（横效应）观察时，如偏振片平行于磁场，将观察到 $\Delta M = 0$ 的 π 分支线，如偏振片垂直于磁场，将观察到 $\Delta M = \pm 1$ 的 σ 分支线。而沿磁场方向观察时，只能观察到 $\Delta M = \pm 1$ 的左右旋圆偏振的 σ 分支线，如图 1-3-3 所示。

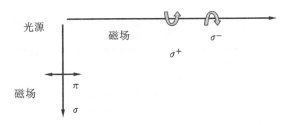

图 1-3-3　π 光和 σ 光

5）汞原子 546.1 nm 的塞曼分裂

汞原子 546.1 nm 的塞曼分裂是由能级 $6s7s(^3S_1)$ 跃迁到 $6s6p(^3P_2)$ 而产生的，表征它的量子数和在磁场中能级分裂的量子态如表 1-3-1 所示。根据选择定则，会产生如图1-3-4所示的能级跃迁。

表 1-3-1　量子数和能级分裂的量子态

量　子　数	$^3S_1$			$^3P_2$				
L	0			1				
S	1			1				
J	1			2				
g	2			3/2				
M	1	0	-1	2	1	0	-1	-2
Mg	2	0	-2	3	3/2	0	$-3/2$	-3

2. 实验装置的工作原理

1）仪器组成

JWG-Ⅲ型微机塞曼效应实验仪如图 1-3-5 所示。

2）CCD 采集系统

CCD 采集系统的核心器件是一个数千像素的 CCD 线阵，前端仪器产生的光信号经过成像透镜的会聚，在 CCD 线阵上产生实像，它再将照射在其上的光强信号转化为模拟电信号，实时送往 CCD 采集卡，然后经 A/D 转换后量化为数字信号，由软件处理。

3）F-P 标准具

（1）F-P 标准具的结构。

F-P 标准具的结构为两块平面玻璃板，两块板的中间放一玻璃环，其厚度为 d，装于固

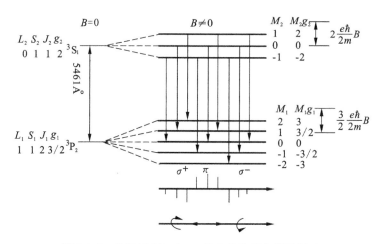

图 1-3-4 汞原子 564.1 nm 的塞曼能级分裂及跃迁

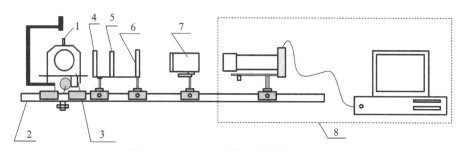

图 1-3-5 JWG-Ⅲ型微机塞曼效应实验仪

1—笔形汞灯;2—光具座;3—永磁铁;4—偏振片;5—聚光透镜;

6—滤光片;7—F-P 标准具;8—CCD 采集分析系统

定的载架中。该装置为多光束干涉的应用,其干涉条纹为一组明暗相间、条纹清晰的同心圆环,其经典用处是作为高分辨的光谱仪器。

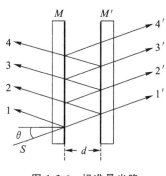

图 1-3-6 标准具光路

F-P 标准具的光路图如图 1-3-6 所示。当单色平行光束 S 以小角度 θ 入射到标准具的 M 平面时,经过 M 表面及 M' 表面的多次反射和透射,形成一系列相互平行的反射光束。这一系列相互平行并有一定光程差的光在无穷远处或用透镜会聚在透镜的焦平面上而发生干涉,光程差为波长整数倍时产生干涉极大。

$$2d\cos\theta = N\lambda \tag{1-3-8}$$

式中:d 为平板之间的间距;θ 为光束入射角;N 为整数,为干涉序。在扩展光源照射下,F-P 标准具产生等倾干涉,它的干涉条纹是一组同心圆环。本实验对应圆环直径如图 1-3-7 所示。

由于标准具是多光束干涉的应用,干涉条纹是非常细的,条纹越细表示仪器的分辨率越高。

(2)标准具测量波长差的公式。

$$2d\left(1-\frac{D^2}{8f^2}\right) = k\lambda \tag{1-3-9}$$

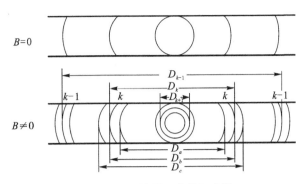

图 1-3-7 干涉圆环直径示意图

式中：D 表示圆环的直径；f 为透镜的焦距；d 为 F-H 标准具板间的距离。

式(1-3-9)左边第二项的负号表明直径越大的干涉环纹序越低。图 1-3-7 中，干涉级次由高到低依次为 $k+1$ 级、k 级和 $k-1$ 级，对于同一级次的干涉环，直径越大，波长越小。图 1-3-7 中，k 级干涉圆环的波长大小排列为 $\lambda_a > \lambda_b > \lambda_c$。

相邻干涉级次 k 和 $k-1$ 圆环的直径分别为 D_k 和 D_{k-1}，其直径平方差用 ΔD^2 表示，由式(1-3-9)可得

$$\Delta D^2 = D_{k-1}^2 - D_k^2 = 4\lambda f^2 / d \tag{1-3-10}$$

由式(1-3-10)知，ΔD^2 是与干涉级次 k 无关的常数。

对于同一干涉级次 k 的不同波长 λ_a、λ_b、λ_c，相邻两个环的波长差为

$$\Delta \lambda_{ab} = \lambda_a - \lambda_b = \lambda^2 (D_b^2 - D_a^2) / 2d (D_{k-1}^2 - D_k^2) \tag{1-3-11}$$

$$\Delta \lambda_{bc} = \lambda_b - \lambda_c = \lambda^2 (D_c^2 - D_b^2) / 2d (D_{k-1}^2 - D_k^2) \tag{1-3-12}$$

波数为

$$\Delta \tilde{\nu}_{ab} = \frac{\nu_a}{c} - \frac{\nu_b}{c} = \frac{D_b^2 - D_a^2}{D_{k-1}^2 - D_k^2} \cdot \frac{1}{2d} \tag{1-3-13}$$

$$\Delta \tilde{\nu}_{bc} = \frac{\nu_b}{c} - \frac{\nu_c}{c} = \frac{D_c^2 - D_b^2}{D_{k-1}^2 - D_k^2} \cdot \frac{1}{2d} \tag{1-3-14}$$

由上式可知，波长差和波数差均与相应干涉圆环的直径平方差成正比。

【实验内容及步骤】

观察汞 5461Å 的塞曼现象，测量塞曼分裂的谱线直径，算出波数差、荷质比，并与理论值比较。

(1)参照图 1-3-8 将各个器件安装好。

(2)松开锁紧螺钉，沿导轨方向调整聚光镜位置，使灯管位于透镜的焦面附近。

(3)调节 F-P 标准具。纵、横向调节 F-P 标准具的位置，使之靠近聚光镜组，并与灯源同轴。调节 F-P 标准具的镜片严格平行。方法如下：①粗调。通过 F-R 标准具观察汞灯照明，可见一组同心圆环。观察者的眼睛向着微调螺钉的方向移动时，若圆环也移动，说明标准具的镜片还没严格平行，须仔细调节三颗微调螺钉，直至眼睛移动时圆环不动。②精调。在实验时仍需进一步调整微调螺钉，直至在显示器上观察到的图像最清晰为止。

(4)通过可调滑座，可纵、横向调整测量望远镜位置，若图像偏高或偏低，可调松望远镜

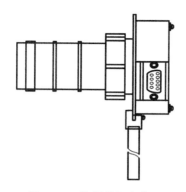

图 1-3-8　仪器装置安装图

镜筒螺钉,调整镜筒俯仰,使之与标准具同轴。此时,各级干涉环中心应位于视场中央,亮度均匀,干涉环细,对称性好。

(5)旋转测微目镜读数鼓轮,使测量分划板的铅垂线依次与被测圆环相切,从读数鼓轮上读取一组相应的数据,它们的差值即为被测的干涉环直径。

(6)分别测量连续三个圆环 D_a、D_b、D_c 的值,算出 $D_{k-1}^2 - D_k^2$、$D_b^2 - D_a^2$、$D_c^2 - D_b^2$ 的平均值后用式(1-3-13)、式(1-3-14)求出塞曼分裂谱线的波数差 $\Delta\tilde{\nu}_{db}$ 和 $\Delta\tilde{\nu}_{bc}$。

(7)实验值与理论值比较。

由式

$$\Delta\tilde{\nu} = (M_2 g_2 - M_1 g_1)\frac{Be}{4\pi mc}$$

计算出 e/m 的实验值。B 为实验时的磁场强度,$\Delta\tilde{\nu}$ 为 $\Delta\tilde{\nu}_{db}$、$\Delta\tilde{\nu}_{bc}$ 的平均值。荷质比的理论值 $e/m = 1.758\,819\,62 \times 10^{11}$ C/kg。

(8)移去测微目镜,改用 CCD 采集系统采集和处理数据,采集的图样如图 1-3-9 所示。

注:步骤(5)、(6)、(7)采用直读测量法,具体操作中可根据情况选做。

图 1-3-9　CCD 采集的干涉图样

【实验数据及结果】

(1)将用测微目镜测量的结果记录于表 1-3-2 中。

F-P 标准具间隙 d(mm):_____　　　　磁感应强度 B(T):_____

光速 c(m/s):_____　　　　　　　　波长 λ(nm):_____

表 1-3-2　实验 1-3 数据记录表

级数	$D_c > D_b > D_a$ (mm)	左边读数	右边读数	直径/mm	实验结果	波长差 $\Delta\lambda$/nm	荷质比 e/m ($\times 10^{11}$C/kg)	荷质比 e/m 平均值
$K-4$ (外环)	D_c					—		
	D_b				$\lambda_b - \lambda_c$			
	D_a				$\lambda_a - \lambda_b$			
$K-3$ (内环)	D_c					—		
	D_b				$\lambda_b - \lambda_c$			
	D_a				$\lambda_a - \lambda_b$			
$K-2$ (内环)	D_c					—		
	D_b				$\lambda_b - \lambda_c$			
	D_a				$\lambda_a - \lambda_b$			

（2）用计算机处理实验数据，图 1-3-10 所示为实验数据处理示例。

图 1-3-10　计算机处理实验教程示例

【注意事项】

（1）步骤（3）中，需注意以下几点：

①各光学器件的光轴必须保持一致，调节时，必须使各器件的轴心等高，各器件之间要保持平行，同时注意对光具座的调节，不要让各器件的横向位置相互错开；

②F-P 标准具的两晶片要严格调节平行；

③聚光镜的位置要正确。

（2）步骤（4）中，需注意以下几点：

①成像透镜的位置要恰当，要缓慢地调节透镜直至采集到的曲线幅值最大、细节最清晰为止；

②如果曲线的幅度较小，可以考虑如下两种方法，一是适当调整 CCD 采集盒的积分时间，一是将软件的增益加大，有时也可以减小 F-P 标准具与 CCD 成像透镜的距离；

③如果采集到的曲线为幅值很高的一条直线，这是环境光过强所致，应减弱环境光。

（3）关于实验器件，需注意以下几点：

除了 F-P 标准具的质量以外，滤光片的质量也很重要。如果得到的采样曲线有些零乱

(比如有太多的碎小波峰),请检查滤光片(主要是镀膜)是否已发花、变质;

各光学器件的质量与大小也关系到成像曲线的幅度强弱,应选取对光衰减较小、镜面积较大的光学器件来完成实验;

如果使用手持式磁场强度测量仪,测量时手的抖动应尽可能小,探针的位置应尽可能与光源的位置吻合。

【思考题】

(1)Hg435.8 谱线是由 $^3S_1$ 跃迁到 $^3P_1$ 产生的,试计算它的塞曼分裂的谱线直径并说明它的偏振态情况。

(2)实验中如何观察和分辨塞曼分裂谱中的 σ 成分和 π 成分? 如何观察和分辨 σ 成分中的左旋和右旋圆偏振光?

(3)从塞曼分裂谱中如何确定能级的 J 量子数?

(4)根据塞曼分裂谱的裂距如何确定能级的 g 量子数?

实验 1-4　夫兰克-赫兹实验

【实验目的】

(1)测量汞原子的第一激发电位。

(2)证实原子能级的存在,加深对原子结构的了解。

(3)了解在微观世界中,电子与原子的碰撞概率。

【实验仪器】

夫兰克-赫兹实验仪(FH-IA 型)。

【实验原理】

玻尔的原子模型指出:原子是由原子核和核外电子组成的。原子核位于原子的中心,电子沿着以核为中心的各种不同直径的轨道运动。对于不同的原子,在轨道上运动的电子的分布各不相同。在一定轨道上运动的电子具有对应的能量。当一个原子内的电子从低能量的轨道跃迁到较高能量的轨道时,该原子就处于一种受激状态。如图 1-4-1 所示,若原子处于正常状态,当电子从轨道 I 跃迁到轨道 II 时,该原子处于第一激发态;电子跃迁到轨道 III 时,该原子处于第二激发态。图中,E_1、E_2、E_3 分别是与轨道 I、II、III 相对应的能量。

原子状态改变伴随着能量的变化。若原子从低能级 E_n 态跃迁到高能级 E_m 态,则原子需吸收一定的能量 ΔE:

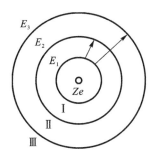

图 1-4-1　原子结构示意图

$$\Delta E = E_m - E_n \tag{1-4-1}$$

　　原子状态的改变通常有两种方法:一是原子吸收或放出电磁辐射;二是原子与其他粒子发生碰撞而交换能量。本实验利用慢电子与汞原子相碰撞,使汞原子从正常状态跃迁到第一激发态,从而证实原子能级的存在。

　　由玻尔理论可知,处于正常状态的原子发生状态改变时,所需能量不能小于该原子从正常状态跃迁到第一激发态所需的能量,这个能量称临界能量。当电子与原子相碰撞时,如果电子能量小于临界能量,则电子与原子之间发生弹性碰撞,电子的能量几乎不损失。如果电子的能量大于临界能量,则电子与原子发生非弹性碰撞,电子把能量传递给原子,所传递的能量值恰好等于原子两个状态间的能量差,而其余的能量仍由电子保留。

　　电子获得能量的方法是将电子置于加速电场中加速。设加速电压为 U,则经过加速后的电子具有能量 eU,e 是电子电量。当电压等于 U_g 时,电子具有的能量恰好能使原子从正常状态跃迁到第一激发态,因此称 U_g 为第一激发电势。

　　夫兰克-赫兹实验的原理如图 1-4-2 所示。电子与原子的碰撞是在充满汞蒸气的 F-H管(夫兰克-赫兹管)内进行的。F-H 管包括灯丝附近的阴极 K,两个栅极 G_1、G_2,板极 A。第一栅极 G_1 靠近阴极 K,目的在于控制管内电子流的大小,以抵消阴极附近电子云形成的负电势的影响。当 F-H 管中的灯丝通电时,加热阴极 K,由阴极 K 发射初速度很小的电子。在阴极 K 与栅极 G_2 之间加上一个可调的加速电压 U_{G_2K},它能使从阴极 K 发射出的电子朝栅极 G_2 加速。由于阴极 K 到栅极 G_2 之间的距离比较大,在适当的气压下,这些电子有足够的空间与汞原子发生碰撞。在栅极 G_2 与板极 A 之间加一个拒斥电压 U_{G_2A},当电子从栅极 G_2 进入栅极 G_2 与板极 A 之间的空间时,电子受到拒斥电压 U_{G_2A} 产生的电场的作用而减速,能量小于 eU_{G_2K} 的电子将不能到达板极 A。

　　当加速电势差 U_{G_2K} 由零逐渐增大时,板极电流 I_P 也逐渐增大,此时,电子与汞原子的碰撞为弹性碰撞。当 U_{G_2K} 增加到等于或稍大于汞原子的第一激发电势 U_g 时,在栅极 G_2 附近,电子的能量可以达到临界能量,因此,电子在这个区域与原子发生非弹性碰撞,电子几乎把能量全部传递给汞原子,使汞原子激发。这些损失了能量的电子就不能克服拒斥电场的作用而到达板极 A,因此板极电流 I_P 将下降。如果继续增大加速电压 U_{G_2K},则在栅极前较远处,电子就已经与汞原子发生了非弹性碰撞,几乎损失了全部能量。但是,此时电子仍受到加速电场的作用,因此,通过栅极后,电子仍具有足够的能量克服拒斥电场的作用而到达板极 A,所以,板极电流 I_P 又开始增大。当加速电压 U_{G_2K} 增加到汞原子的第一激发电势 U_g 的 2 倍时,电子和汞原子在阴极 K 和栅极 G_2 之间的一半处发生第一次弹性碰撞,在剩下的一

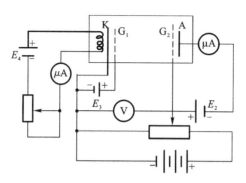

图 1-4-2　实验原理图

半路程中,电子重新获得激发汞原子所需的能量,并且在栅极 G_2 附近发生第二次非弹性碰撞,电子这次几乎损失全部能量,因此,电子不能克服拒斥电场的作用而到达板极 A,板极电流 I_P 又一次下降。由以上分析可知,当加速电压 U_{G_2K} 满足

$$U_{G_2K} = NU_g \tag{1-4-2}$$

时,板极电流 I_P 就会下降。板极电流 I_P 随加速电压 U_{G_2K} 的变化关系如图 1-4-3 所示。从图中可知,两个相邻的板极电流 I_P 的峰值所对应的加速电压的差值是 11.5 V。这个电压等于汞原子的第一激发电势。

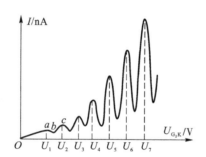

图 1-4-3　夫兰克-赫兹实验 U_{G_2K}-I 曲线

【实验内容及步骤】

(1)将充汞的 F-H 管加热 15～30 min,使炉温稳定在 15 ℃左右。

(2)在加热炉加热升温的同时,打开微电流测量放大器电源,让其预热 20～30 min 后,进行"零点"和"满度"校测。

(3)选择合适的灯丝电压,使其约在 6.3 V。

(4)电离电位测量:待加热炉稳定在所需的温度(如 90 ℃),微电流测量放大器工作稳定,夫兰克-赫兹管灯丝预热后,即可先进行电离电位的逐点测量。

①进行粗略观察,缓慢增加 U_{G_2K} 电压值,全面观察一次 I_P 的起伏变化情况。当微安表表针明显变化,且从加热炉玻璃窗口可看到炉内管子的栅、阴极之间开始出现淡淡的蓝色辉光时,表示管内汞原子已电离。此时,不要再增高 U_{G_2K} 电压值,并将其调小。

②从 0 V 起仔细调节 U_{G_2K},细心观察 I_P 的变化。当微安表表针明显变大时,电离电位的测量结束,绘出电离电位曲线,从曲线的拐折点判读出汞原子的电离电位 U_g。

(5)激发电位测量:测完电离电位后,调节加热炉使炉温升高到 180 ℃,温度稳定后即可进行激发电位测量实验。

①先进行粗略观察,缓慢增加 U_{G_2K} 电压值;全面观察一次 I_P 的起伏变化情况。当微安表至满度时可以相应改变"倍率"旋钮,扩大量程以读出 I_P 值。

②再从数字 0 V 起仔细调节 U_{G_2K},细心观察 I_P 的变化,读出 I_P 的峰谷值和对应每个 I_A 峰谷值的 U_{G_2K} 电压。为便于作图,在峰谷值附近多测几组 I_P 和 U_{G_2K} 值。记下读数及测试条件(先读 I_P 值,再读 U_{G_2K} 值),然后取适当比例在方格纸上画出 $I_P\sim U_{G_2K}$ 曲线,从而计算出各相邻峰值或谷值之间的电位差,进行误差分析,得出所测量的第一激发电势 U_g 值。

③为了更全面地了解夫兰克-赫兹实验中 $I_P\sim U_{G_2K}$ 的变化规律和准确测出 U_g 值,本实验可以在不同温度(如 140 ℃、160 ℃、180 ℃、200 ℃ 等)下进行,分别详细记录到表中,并描绘在同一张方格纸中以做比较。在同一温度(如 $T=180$ ℃)下,适当改变灯丝电压 U_H 值,如在 $U_H=5.7$ V 和 $U_H=7.0$ V 下分别进行实验,确定 $I_P\sim U_{G_2K}$ 变化规律。

(6)用示波器观察板极电流 I_P 随栅极电压 U_{G_2K} 变化的波形。

①将加热炉炉温调节在 180~200 ℃,将 ST-14 等慢扫描示波器接线柱接到微电流测量放大器上。

②将灯丝电压调至 6.3 V,示波器屏幕上应该可以看到一条完整的 $I_P\sim U_{G_2K}$ 变化曲线。读出曲线的峰谷数值,并与同条件下的手控记录情况做比较。

(7)用 X-Y 函数记录仪描绘 $I_P\sim U_{G_2K}$ 曲线。

①不改变示波器观察时的各种条件,接好 X-Y 函数记录仪。

②待 X-Y 函数记录仪预热工作后,可以在记录纸上描绘出完整的 $I_P\sim U_{G_2K}$ 曲线。典型的 $I_P\sim U_{G_2K}$ 曲线如图 1-4-3 所示。

③用铅笔细心标出各峰值位置,读出相邻峰值或谷值之间的差值,再根据锯齿波幅度求出各间隔的电压值。经过误差分析求出 U_g 值,并与手控分点测量做比较。

【实验数据及结果】

(1)将实验测得的实验数据记录在表 1-4-1 中。

表 1-4-1 实验 1-4 数据记录表

U_{G_2K}/V									
I_P/nA									
U_{G_2K}/V									
I_P/nA									
U_{G_2K}/V									
I_P/nA									

(2)画出汞的 I_P-U_{G_2K} 曲线,求汞的第一激发电势。

【注意事项】

(1)实验过程中若电离电位和激发电位均要求测量,则务必先测量电离电位,再测量激发电位,否则炉温很难降下来。

(2)实验完毕后,务必将"栅压选择"和"工作状态"开关置零,"栅压调节"旋钮旋到最小值处。

(3)在不拆除 K、H 连接线的情况下,先切断加热炉电源,并小心旋松加热炉面板螺钉(或卸下面板)让炉子和管子降温。在温度低于 120 ℃之后再切断放大器电源,以避免汞蒸气降落到阴板,影响管子寿命。

(4)加热炉外壳温度很高,操作时注意避免灼伤。要移动加热炉时,必须提拎炉顶隔热把手。

(5)要测出 $I_P \sim U_{G_2K}$ 曲线的第一个峰谷点,炉温宜低(约 140 ℃),并把微电流测量放大器灵敏度提高(倍率 10^{-5})。但此时 U_{G_2K} 电压不能过高,电压过高容易造成全面电离击穿,影响寿命。

(6)在进行示波器观察或记录仪自动记录时,炉温应尽可能高(即在 180~200 ℃或更高些),否则容易造成管子击穿。发现击穿时应:①将"栅压选择"开关拨回至"DC"位置;②再增高炉温 5~10 ℃。

(7)管子的灯丝电压只能在 5.7~7 V 之间选择,即不宜超过标准值 6.3 V 的±10%。电压过高,阴极发射能力过强,管子易老化,过低会使阴极中毒,即电压过高或过低都会损伤管子。

(8)夫兰克-赫兹管采用间热式氧化物阴极,改变灯丝电压会有 1~2 min 的热滞后。

(9)测量放大器的"G""K"输出端,切忌短路。连线时务必注意。

【思考题】

(1)夫兰克-赫兹实验在原子物理学的发展中有何作用? 它与玻尔原子理论有什么关系?

(2)原子跃迁辐射频率与发生跃迁的两个定态能量之间有什么关系?

(3)什么是原子的第一激发电势? 它和原子的能级有什么关系?

(4)什么是原子的临界能量? 怎样测定氩原子的临界能量?

实验 1-5　电子衍射实验

1924 年,法国物理学家德布罗意在爱因斯坦光子理论的启示下,提出了一切微观实物粒子都具有波粒二象性的假设。1927 年,戴维逊与革末用镍晶体反射电子,成功地完成了电子衍射实验,验证了电子的波动性,并测得了电子的波长。两个月后,英国的汤姆逊和雷德用高速电子穿透金属薄膜的办法直接获得了电子衍射花纹,进一步证明了德布罗意波的存在。1928 年以后的实验还证实,不仅电子具有波动性,一切实物粒子,如质子、中子、α 粒子、原子、分子等都具有波动性。

【实验目的】

(1)通过拍摄电子穿透晶体薄膜时的衍射图像,验证德布罗意公式,加深对电子的波粒二象性的认识。

(2)了解电子衍射仪的结构,掌握其使用方法。

【实验仪器】

WDY-Ⅴ型电子衍射仪。

本实验采用 WDY-Ⅴ型电子衍射仪,该仪器主要由衍射腔、真空系统和电源三部分组成。图 1-5-1 所示为该电子衍射仪的外观图。

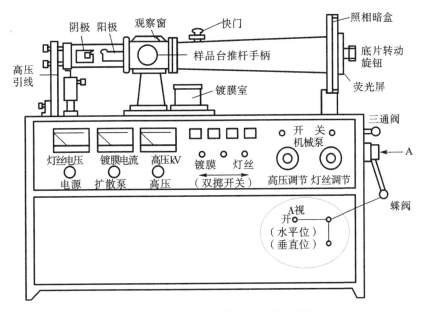

图 1-5-1　WDY-Ⅴ型电子衍射仪外观图

1.衍射腔

图 1-5-2 所示为衍射腔示意图。

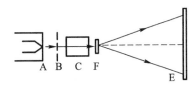

图 1-5-2　衍射腔示意图

A 为阴极,B 为阳极,C 为光阑,F 为晶体薄膜,E 为荧光屏或底片。阴极 A 内装有 V 形灯丝,通电后发射电子。灯丝一端加有数万伏的负高压,阳极接地。电子经高压加速后通过光阑 C 时被聚焦。当直径只有 0.5 mm 的电子束穿过晶体薄膜 F 后,在荧光屏上形成电子衍射图像。在衍射腔的右端内设有照相装置,一次可以拍摄两张照片。

2. 真空系统

真空系统由机械泵、扩散泵和储气筒组成(见图 1-5-3)。扩散泵与衍射腔之间由真空蝶阀控制"开"或"关"。三通阀可使机械泵与衍射腔连通("拉"位)或与储气筒连通("推"位)。实验或镀膜时须先将衍射腔抽成低真空,然后抽成高真空。只有在抽高真空时才能打开蝶阀,其他时间都要关闭蝶阀和切断电离规管灯丝电流,以保护扩散泵和电离规管。

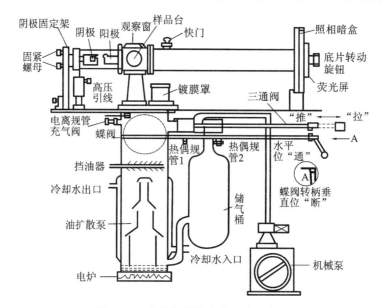

图 1-5-3   电子衍射仪真空系统示意图

若需将衍射腔部分通大气(如取底片或取已镀好的样品架),可用充气阀充入空气。但在打开充气阀前,要注意以下几点:

(1)切断电离规管电源;

(2)关闭蝶阀;

(3)若机械泵仍在工作中,三通阀必须置于"推"位;

(4)为防止充气过程中吹破样品薄膜,应将样品架向前旋紧,以使样品架封在装取样品架的窗口内。

3. 电源

电气部分主要包括真空机组的供电、高压电源,镀膜及灯丝供电三部分。

(1)真空机组的供电:扩散泵电炉(1000 W)直接由 220 V 单相电源供电,机械泵由380 V三相电源供电。

(2)高压供电:取 220 V 市电,经 0.5 kW 自耦变压器调压,供给变压器(220/40000 V)进行升压,经整流滤波后变为直流高压,正端接阳极,负端接阴极,作为电子的加速电压。

(3)镀膜和灯丝供电:此两组供电线路同用一个 0.5 kW 自耦变压器调压,经转换开关转换,或接通镀膜电路,或接通灯丝电路。

【实验原理】

1. 德布罗意假设和电子波的波长

1924 年,德布罗意提出物质波(或称德布罗意波)的假说,即一切微观粒子,也像光子一样,具有波粒二象性,并把微观实物粒子的动量 P 与物质波波长 λ 之间的关系表示为

$$\lambda = \frac{h}{P} = \frac{h}{mv} \tag{1-5-1}$$

式中:h 为普朗克常量;m、v 分别为粒子的质量和速度。这就是德布罗意公式。

对于一个静止质量为 m_0 的电子,当加速电压为 30 kV 时,电子的运动速度很大,已接近光速,由于电子速度的加大而发生的电子质量的变化就不可忽略。根据狭义相对论的理论,电子的质量为

$$m = \frac{m_0}{\sqrt{1 - \dfrac{v^2}{c^2}}} \tag{1-5-2}$$

式中:c 是真空中的光速。将式(1-5-2)代入式(1-5-1),即可得到电子波的波长:

$$\lambda = \frac{h}{mv} = \frac{h}{m_0 v} \sqrt{1 - \frac{v^2}{c^2}} \tag{1-5-3}$$

在实验中,只要电子的能量由加速电压所决定,则电子能量的增加就等于电场对电子所做的功,并利用相对论的动能表达式:

$$eU = mc^2 - m_0 c^2 = m_0 c^2 \left[\frac{1}{\sqrt{1 - \dfrac{v^2}{c^2}}} - 1 \right] \tag{1-5-4}$$

从式(1-5-4)可得到

$$v = \frac{c \sqrt{e^2 U^2 + 2 m_0 c^2 eU}}{eU + m_0 c^2} \tag{1-5-5}$$

及

$$\sqrt{1 - \frac{v^2}{c^2}} = \frac{m_0 c^2}{eU + m_0 c^2} \tag{1-5-6}$$

将式(1-5-5)和式(1-5-6)代入式(1-5-3)得

$$\lambda = \frac{h}{\sqrt{2 m_0 eU \left(1 + \dfrac{eU}{2 m_0 c^2}\right)}} \tag{1-5-7}$$

将 $e = 1.602 \times 10^{-19}$ C,$h = 6.626 \times 10^{-34}$ J·s,$m_0 = 9.110 \times 10^{-31}$ kg,$c = 2.998 \times 10^8$ m/s 代入式(1-5-7)得

$$\lambda = \frac{12.26}{\sqrt{U(1 + 0.978 \times 10^{-6} U)}} \approx \frac{12.26}{\sqrt{U}} (1 - 0.489 \times 10^{-6} U) \text{Å} \tag{1-5-8}$$

2. 电子波的晶体衍射

本实验采用汤姆逊方法,让一束电子穿过无规则取向的多晶薄膜。电子入射到晶体上时各个晶粒对入射电子都有散射作用,这些散射波是相干的。对于给定的一族晶面,当入射

角和反射角相等,而且相邻晶面的电子波的波程差为波长的整数倍时,便出现相长干涉,即干涉加强。

从图 1-5-4 可以看出,满足相长干涉的条件由布拉格方程决定。布拉格方程即

$$2d\sin\theta = n\lambda \tag{1-5-9}$$

式中:d 为相邻晶面之间的距离;θ 为掠射角;n 为整数,称为反射级。

由于多晶金属薄膜是由相当多的任意取向的单晶粒组成的多晶体,当电子束入射到多晶薄膜上时,在晶体薄膜内部各个方向上,均有与电子入射线夹角为 θ 而且符合布拉格方程的反射晶面。因此,反射电子束是一个以入射线为轴线、张角为 4θ 的衍射圆锥。衍射圆锥和与入射轴线垂直的照相底片或荧光屏相遇时形成衍射圆环,这时衍射的电子方向与入射电子方向夹角为 2θ,如图 1-5-5 所示。

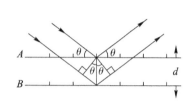

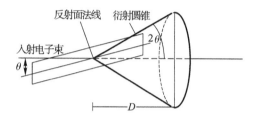

图 1-5-4　相邻晶面的电子波的程差　　　图 1-5-5　多晶体的衍射圆锥

在多晶薄膜中,有一些晶面(它们的面间距为 $d_1,d_2,d_3,\cdots$)都满足布拉格方程,它们的反射角分别为 $\theta_1,\theta_2,\theta_3,\cdots$,因而,在底片或荧光屏上形成许多同心衍射环。

可以证明,对于立方晶系,晶面间距为

$$d = \frac{a}{\sqrt{h^2+k^2+l^2}} \tag{1-5-10}$$

式中:a 为晶格常数;(h,k,l) 为晶面的密勒指数。每一组密勒指数唯一地确定一族晶面,其面间距由式(1-5-10)给出。

图 1-5-6 所示为电子衍射的示意图。设样品到底片的距离为 D,某一衍射环的半径为 r,对应的掠射角为 θ。

电子的加速电压一般为 30 kV 左右,与此相应的电子波的波长比 X 射线的波长短得多。因此,由布拉格方程式(1-5-9)看出,电子衍射的衍射角 2θ 也较小。由图 1-5-6 近似有

$$\sin\theta \approx r/2D \tag{1-5-11}$$

将式(1-5-10)和式(1-5-11)代入式(1-5-9),得

$$\lambda = \frac{r}{D} \times \frac{a}{\sqrt{h^2+k^2+l^2}} = \frac{r}{D} \times \frac{a}{\sqrt{M}}$$

式中:(h,k,l) 为与半径为 r 的衍射环对应的晶面族的密勒指数;$M = h^2+k^2+l^2$。

对于同一底片上的不同衍射环,式(1-5-11)又可写成

$$\lambda = \frac{r_n}{D} \times \frac{a}{\sqrt{M_n}} \tag{1-5-12}$$

式中:r_n 为第 n 个衍射环半径;M_n 为与第 n 个衍射环对应晶面的密勒指数的平方和。

在实验中只要测出 r_n,并确定 M_n 的值,就能测出电子波的波长。将测量值 $\lambda_{测}$ 和用式(1-5-8)计算的理论值 $\lambda_{理}$ 相比较,即可验证德布罗意公式的正确性。

3.电子衍射图像的指数标定

实验获得电子衍射相片后,必须确认某衍射环是由哪一组晶面的密勒指数(h,k,l)的晶面族的布拉格反射形成的,才能利用式(1-5-12)计算波长 λ。

根据晶体学知识,立方晶体结构可分为三类,分别为简单立方、面心立方和体心立方晶体,依次如图 1-5-7 中(a)、(b)、(c)所示。由理论分析可知,在立方晶系中,对于简单立方晶体,任何晶面族都可以产生衍射;对于体心立方晶体,只有 $h+k+l$ 为偶数的晶面族才能产生衍射;而对于面心立方晶体,只有 $h+k+l$ 同为奇数或同为偶数的晶面族才能产生衍射。这样可得到表 1-5-1 所示的数据。表 1-5-1 中,空白格表示不存在该晶面族的衍射。下面以面心立方晶体为例说明标定指数的过程。

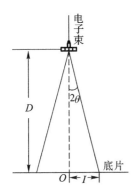

图 1-5-6　电子衍射示意图

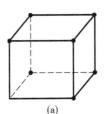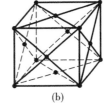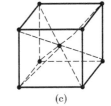

图 1-5-7　三类立方晶体
(a)简单立方;(b)面心立方;(c)体心立方

表 1-5-1　三类立方晶体可能产生衍射环的晶面族

密勒指数(h,k,l)		100	110	111	200	210	211	220	211,300	310
M_n	简单立方	1	2	3	4	5	6	8	9	10
	体心立方		2		4		6	8		10
	面心立方			3	4			8		
密勒指数(h,k,l)		311	222	320	321	400	410,322	411,330	331	420
M_n	简单立方	11	12	13	14	16	17	18	19	20
	体心立方		12		14	16		18		20
	面心立方	11	12			16			19	20

按照表 1-5-1 的规律,对于面心立方晶体可能出现的反射,按照$(h^2+k^2+l^2)=M$由小到大的顺序列出表 1-5-2。

表 1-5-2　面心立方晶体各衍射环对应的 M_n/M_1

N	1	2	3	4	5	6	7	8	9	10
h,k,l	111	200	220	311	222	400	331	420	422	333,511
M_n	3	4	8	11	12	16	19	20	24	27
M_n/M_1	1.000	1.333	2.667	3.667	4.000	5.333	6.333	6.667	8.000	9.000

在同一张电子衍射图像中，λ 和 a 均为定值，由式(1-5-12)可以得出

$$\left(\frac{r_n}{r_1}\right)^2 = \frac{M_n}{M_1} \tag{1-5-13}$$

利用式(1-5-13)可将各衍射环对应的晶面指数(h,k,l)确定出，或将 M_n 确定出。其方法是：测得某一衍射环半径 r_n 和第一衍射环半径 r_1，计算出$(r_n/r_1)^2$的值，在表 1-5-2 的最后一行 M_n/M_1 值中，查出与此值最接近的一列，则该列中的(h,k,l)和 M_n 即为此衍射环所对应的晶面指数。完成标定指数以后，即可用式(1-5-12)计算波长了。

【实验内容及步骤】

1.样品的制备

由于电子束穿透能力很差，作为衍射体的多晶样品必须做得极薄才行。样品的制备是在预制好的非晶体底膜上蒸镀上几百埃厚的金属薄膜而成。非晶底膜是金属的载体，但它将对衍射电子起漫射作用而使衍射环的清晰度变差，因此底膜只能极薄才行。

1)制底膜

将一滴用乙酸正戊酯稀释的火棉胶溶液滴到水面上，待乙酸正戊酯挥发后，在水面上悬浮一层火棉胶薄膜(薄膜有皱纹时，其胶液太浓，薄膜为零碎的小块时，则胶液太稀)，用样品架将薄膜慢慢捞起并烘干。将制好底膜的样品架插入镀膜室支架孔内，使底膜表面刚好正对下方的钼舟，待真空度达到 10^{-4} mmHg(1mmHg＝133Pa)以后，即可蒸发镀膜。

2)镀膜

将"镀膜-灯丝"转换开关倒向"镀膜"侧(左侧)，接通镀膜电流开关(向上)。转动"灯丝-镀膜"自耦调压器，使电流逐渐增加(镀银时约为 20 A)。当从镀膜室的有机玻璃罩上看到一层银膜时，立即将电流降到零，并关"镀膜-灯丝"开关。蒸镀样品的工作即完成。

2.观察电子衍射现象

(1)开机前将仪器面板上各开关置于"关"位，"高压调节"和"灯丝-镀膜调节"旋钮均调回零，蝶阀处于"关"位。

(2)为了观察到衍射图像后随即进行拍照，应在抽真空前在衍射腔中装上底片。

(3)启动真空系统，按照实验室的操作规程将衍射腔内抽至 5×10^{-5} mmHg 以上的高真空度。

(4)灯丝加热。首先将面板上的双掷开关倒向"灯丝"一侧(右侧)，接通灯丝电流开关(向上)，调节"灯丝-镀膜"旋钮，使灯丝电压表指示为 120 V。

(5)加高压。接通"高压"开关(向上)，缓慢调节"高压调节"旋钮，调至 $20 \sim 30$ kV，在荧光屏上可以看到一个亮斑。

(6)调节样品架的位置(平移或转动)，直到在荧光屏上观察到满意的衍射环。

(7)照相与底片冲洗。

在荧光屏上观察到清晰的衍射图像后，先记录下加速电压 U 值，然后用快门挡住电子束，转动"底片转动"旋钮，让指针指示在"1"位。用快门控制曝光时间为 $2 \sim 4$ s，用相同的方法拍摄两张照片。在拍摄电子衍射图像时，要求动作快些，尽量减小加高压的时间。取出底

片后,冲洗底片。整个拍摄和冲洗过程可在红灯下进行。

【实验数据及结果】

(1)仔细观察衍射照片,区分出各衍射环,因有的环强度很弱,特别容易数漏。然后测量出各环直径,确定其半径 r_1、r_2、r_3、$\cdots$、r_n 的值。

(2)计算出 r_n^2/r_1^2 的值,并与表 1-5-2 中 M_n/M_1 值对照,标出各衍射环相应的晶面指数。

(3)根据衍射环半径用式(1-5-12)计算电子波的波长,并与用式(1-5-8)算出的德布罗意波长比较,以此验证德布罗意公式。

本实验中所用的样品银为面心立方结构,晶格常数 $a = 4.0856\text{Å}$。样品至底片的距离 $D=$ ＿＿＿＿ mm。

【注意事项】

(1)电子衍射仪为贵重仪器,必须熟悉仪器的性能和使用方法,严格按照操作规程使用。特别是真空系统的操作不能出错,否则会损坏仪器。

(2)阴极加有几万伏的负高压,操作时不要接触高压电源,注意安全。调高压和样品架旋钮时要缓慢,如果出现放电现象,应立即降低电压,实验中应缩短加高压的时间。

(3)调节样品架观察衍射环时,应先将电离规管关掉,以防调节样品架时出现漏气现象而烧坏电离规管。

(4)衍射腔的阳极,样品架和观察窗处都有较强的 X 射线产生,必须注意防护。

【思考题】

(1)德布罗意假说的内容是什么?

(2)在本实验中是怎样验证德布罗意公式的?

(3)本实验证实了电子具有波动性。衍射环是单个电子还是大量电子所具有的行为表现?

(4)简述 WDY-V 型电子衍射仪衍射腔的结构及各部分作用。

(5)根据衍射环半径计算电子波的波长时,为什么首先要指标化? 怎样指标化?

(6)改变高压和灯丝电压时衍射图像有什么变化? 为什么?

(7)叙述样品银多晶薄膜的制备过程。

(8)观察电子衍射环和镀金属薄膜时为什么都必须在高真空条件下进行? 要求真空度各是多少?

(9)加高压时要缓慢,并且尽量缩短加高压的时间,这是为什么?

(10)拍摄完电子衍射图像取底片时,三通阀和蝶阀应处于什么位置? 为什么?

实验 1-6　核 磁 共 振

1939 年,美国哥伦比亚大学的拉比(Rabi)等人在原子束实验中首次观察到核磁共振(nuclear magnetic resonance,NMR)现象。1945 年 12 月,美国哈佛大学的珀塞尔(Purcell)等人在石蜡样品中观察到质子的核磁共振吸收信号;1946 年 1 月,美国斯坦福大学布洛赫(Bloch)等人也在水样品中观察到质子的核感应信号。两个研究小组用了稍微不同的方法,几乎同时在凝聚物质中发现了核磁共振。因此,布洛赫和珀塞尔荣获了 1952 年的诺贝尔物理学奖。

核磁共振具有核磁元素多、选择性高、分辨率高、灵敏度高、能进行动态观测等特点,因此它的应用十分广泛。在物理学方面,利用核磁共振可以研究原子核的结构和性质、凝聚体的相变、弛豫过程和临界现象等;在化学工业方面,利用核磁共振可以研究有机材料的反应过程等;在生物医学方面,利用核磁共振可以研究生物组织甚至活体组织的组织和生化过程,可以结合核磁共振谱与核磁共振成像做生理分析及医学诊断等。此外,核磁共振还广泛应用于工业、农业、地质、考古等各领域。

【实验目的】

观察核磁共振稳态吸收现象,掌握核磁共振的实验原理和方法,测量 $^{19}_{9}F$ 的 γ、g 因子。

【实验仪器】

HZ-813 型核磁共振仪,示波器,频率计,测量样品。

【实验原理】

1. 磁共振、核磁共振

磁共振是指磁矩不为零的原子或原子核在稳恒磁场作用下对电磁辐射能的共振吸收现象。如果共振是由原子核磁矩引起的,则该粒子系统产生的磁共振现象称核磁共振(NMR);如果磁共振是由物质原子中的电子自旋磁矩引起的,则称电子自旋共振(ESR),亦称顺磁共振(EPR);而由铁磁物质中的磁畴磁矩所产生的磁共振现象,则称铁磁共振(FMR)。

原子核磁矩与自旋的概念是 1924 年泡利(Pauli)为研究原子光谱的超精细结构而首先提出的。核磁共振现象是原子核磁矩在外加恒定磁场作用下,绕此磁场做拉莫尔进动,若在垂直于外磁场的方向上是加一交变电磁场,当此交变频率等于核磁矩绕外场做拉莫尔进动的频率时,原子核吸收射频场的能量,跃迁到高能级,即发生核磁共振现象。

研究核磁共振有两种方法:一是连续波法(或称稳态法),使用连续的射频场(即旋转磁场)作用到核系统上,观察到核对频率的感应信号;另一种是脉冲法,用射频脉冲作用在核系统上，观察到核对时间的响应信号。脉冲法有较高的灵敏度，测量速度快，但需要进行快速傅里叶变换，技术要求较高。核磁共振可观察色散信号或吸收信号，但实验中一般观察吸收信号，因为其比较容易分析理解。从信号的检测方式来分，核磁共振可分为感应法、平衡法、吸收法。测量共振时，核磁矩吸收射频场能量而可在附近线圈中感应到信号，则为感应法；测量由于共振使电桥失去平衡而输出电压的方法即为平衡法；直接测量共振使射频振荡线圈中负载发生变化的方法为吸收法。本实验用连续波吸收法来观察核磁共振现象。

下面以氢核为主要研究对象，来介绍核磁共振的基本原理和观测方法。氢核是最简单的原子核，也是目前在核磁共振应用中最常见和最有用的原子核。

2. 核磁共振的量子力学描述

1）单个核的磁共振

按照量子力学，原子核的角动量大小由下式决定：

$$P=\sqrt{I(I+1)}\hbar, \quad I=0,\frac{1}{2},1,\frac{3}{2},\cdots \tag{1-6-1}$$

式中：$\hbar=\frac{h}{2\pi}$，h 为普朗克常量；I 为核的自旋量子数，对氢核来说，$I=\frac{1}{2}$。

通常将原子核的总磁矩在其角动量 $\boldsymbol{P}$ 方向上的投影 $\boldsymbol{\mu}$ 称为核磁矩，它们之间的关系为

$$\boldsymbol{\mu}=\gamma\cdot\boldsymbol{P} \quad \text{或} \quad \boldsymbol{\mu}=g_{N}\frac{e}{2m_{p}}\boldsymbol{P} \tag{1-6-2}$$

式中：$\gamma=g_{N}\cdot\frac{e}{2m_{p}}$ 称为旋磁比；e 为电子电荷；m_{p} 为质子质量；g_{N} 为朗德因数。

把氢核放入外磁场中，可以取坐标轴 z 方向为外磁场的磁感应强度 $\boldsymbol{B}$ 的方向。核的角动量在 $\boldsymbol{B}$ 方向上的投影值由下式决定：

$$P_{B}=m\hbar \tag{1-6-3}$$

式中：m 为磁量子数，可以取 $m=I,I-1,\cdots,-(I-1),-I$。核磁矩在 $\boldsymbol{B}$ 方向上的投影为

$$\mu_{B}=g_{N}\frac{e}{2m_{p}}P_{B}=g_{N}\left(\frac{e\hbar}{2m_{p}}\right)m=g_{N}\mu_{N}m \tag{1-6-4}$$

式中：$\mu_{N}=5.050787\times10^{-27}\text{JT}^{-1}$，称为核磁子。

核磁矩为 $\boldsymbol{\mu}$ 的原子核在恒定磁场 $\boldsymbol{B}$ 中具有的势能为

$$E=-\boldsymbol{\mu}\cdot\boldsymbol{B}=-\mu_{B}B=-g_{N}\mu_{N}mB$$

任意两个能级之间的能量差则为

$$\Delta E=E_{m1}-E_{m2}=-g_{N}\mu_{N}B(m_{1}-m_{2}) \tag{1-6-5}$$

对氢核而言，自旋量子数 $I=\frac{1}{2}$，所以磁量子数 m 只能取两个值，即 $m=\frac{1}{2}$ 和 $m=-\frac{1}{2}$。核磁矩在外场方向上的投影也只能取两个值，如图 1-6-1(a) 所示，与此相对应的能级如图 1-6-1(b) 所示。

根据量子力学中的选择定则，只有 $\Delta m=\pm1$ 的两个能级之间才能发生跃迁，这两个跃迁能级之间的能量差为

$$\Delta E=g_{N}\mu_{N}B \tag{1-6-6}$$

由式 (1-6-6) 可知：相邻两个能级之间的能量差 ΔE 与外磁场磁感应强度 $\boldsymbol{B}$ 的大小呈正比，磁场越强，则两个能级之间的能量差也越大。

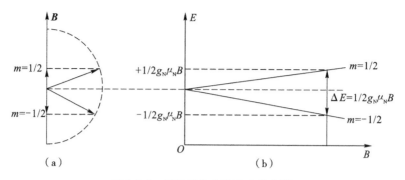

图 1-6-1 氢核能级在磁场中的分裂

如果实验时外磁场磁感应强度为 B_0，在该稳恒磁场区域又叠加一个电磁波作用于氢核，如果电磁波的能量 $h\nu_0$ 恰好等于这时氢核两能级的能量差 $g_N\mu_N B_0$，即

$$h\nu_0 = g_N\mu_N B_0 \tag{1-6-7}$$

则氢核就会吸收电磁波的能量，由 $m = \dfrac{1}{2}$ 的能级跃迁到 $m = -\dfrac{1}{2}$ 的能级，这就是核磁共振吸收现象。式(1-6-7)就是核磁共振条件。为了应用上的方便，常写成

$$\nu_0 = \frac{g_N\mu_N}{h}B_0$$

即

$$\omega_0 = \gamma B_0 \tag{1-6-8}$$

2)核磁共振信号的强度

上面讨论的是单个的核放在外磁场中的核磁共振理论。但实验中所用的样品是大量同类核的集合。如果处于高能级上的核数目与处于低能级上的核数目相同，则在电磁波的激发下，上下能级上的核都要发生跃迁，并且跃迁概率是相等的，吸收能量等于辐射能量，观察不到任何核磁共振信号。只有当低能级上的原子核数目大于高能级上的核数目，吸收能量大于辐射能量，才能观察到核磁共振信号。在热平衡状态下，核数目在两个能级上的相对分布由玻尔兹曼因子决定，其相对分布为

$$\frac{N_1}{N_2} = \exp\left(-\frac{\Delta E}{kT}\right) = \exp\left(-\frac{g_N\mu_N B_0}{kT}\right) \tag{1-6-9}$$

式中：N_1 为低能级上的核数目；N_2 为高能级上的核数目；ΔE 为上下能级间的能量差；k 为玻尔兹曼常量；T 为绝对温度。当 $g_N\mu_N B_0 \ll kT$ 时，式(1-6-9)可以近似写成

$$\frac{N_1}{N_2} = 1 - \frac{g_N\mu_N B_0}{kT} \tag{1-6-10}$$

式(1-6-10)说明，低能级上的核数目比高能级上的核数目略微多一点。对氢核来说，如果实验温度 $T = 300$ K，外磁场 $B_0 = 1$ T，则

$$\frac{N_1}{N_2} = 1 - 6.75 \times 10^{-6} \quad \text{或} \quad \frac{N_1 - N_2}{N_1} \approx 7 \times 10^{-6}$$

这说明，在室温下，每百万个低能级上的核比高能级上的核大约只多出 7 个。这就是说，在低能级上参与核磁共振吸收的每一百万个核中只有 7 个核的核磁共振吸收能量未被共振辐射能量所抵消。所以核磁共振信号非常微弱，检测如此微弱的信号，需要高质量的接收器。

由式(1-6-10)可以看出，温度越高，粒子差数越小，对观察核磁共振信号越不利。外磁

场磁感应强度越大,粒子差数越大,越有利于观察核磁共振信号。一般核磁共振实验要求磁场强度大一些,其原因就在这里。

　　另外,要想观察到核磁共振信号,仅仅磁场强度大一些还不够,磁场在样品范围内还应高度均匀,否则磁场无论强度多大也观察不到核磁共振信号。原因之一是,核磁共振信号由式(1-6-7)决定,如果磁场不均匀,则样品内各部分的共振频率不同,对于某个频率的电磁波,将只有少数核参与共振,将导致信号被噪声所淹没,难以观察到核磁共振信号。

3. 核磁共振的经典力学描述

　　以下从经典力学角度来讨论核磁共振问题。把经典力学理论核矢量模型用于微观粒子是不严格的,但是它对某些问题可以做一定的解释,数值上不一定正确,但可以给出一个清晰的物理图像,有助于了解问题的实质。

　　如果陀螺不旋转,当它的轴线偏离竖直方向时,在重力作用下,它就会倒下来。但是如果陀螺本身做自转运动,它就不会倒下而绕着重力方向做进动,如图 1-6-2 所示。

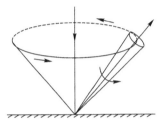

图 1-6-2　陀螺的进动

　　由于原子核具有自旋和磁矩,所以它在外磁场中的行为同陀螺在重力场中的行为是完全一样的。设核的角动量为 $\boldsymbol{P}$,核磁矩为 $\boldsymbol{\mu}$,外磁场磁感应强度为 $\boldsymbol{B}$,由经典理论可知

$$\frac{\mathrm{d}\boldsymbol{P}}{\mathrm{d}t}=\boldsymbol{\mu}\times\boldsymbol{B} \tag{1-6-11}$$

由于 $\boldsymbol{\mu}=\gamma\cdot\boldsymbol{P}$,所以有

$$\frac{\mathrm{d}\boldsymbol{\mu}}{\mathrm{d}t}=\lambda\cdot\boldsymbol{\mu}\times\boldsymbol{B} \tag{1-6-12}$$

若设稳恒磁场磁感应强度为 $\boldsymbol{B}$,且 z 轴沿 $\boldsymbol{B}_0$ 方向,即 $B_x=B_y=0,B_z=B_0$,则式(1-6-12)将变为

$$\begin{cases} \dfrac{\mathrm{d}\mu_x}{\mathrm{d}t}=\gamma\mu_y B_0 \\[2mm] \dfrac{\mathrm{d}\mu_y}{\mathrm{d}t}=-\gamma\mu_x B_0 \\[2mm] \dfrac{\mathrm{d}\mu_z}{\mathrm{d}t}=0 \end{cases} \tag{1-6-13}$$

　　由此可见,核磁矩分量 μ_z 是一个常数,即核磁矩 $\boldsymbol{\mu}$ 在 $\boldsymbol{B}_0$ 方向上的投影将保持不变。将 $\omega_0=\gamma B_0$ 代入式(1-6-13),有

$$\begin{cases} \mu_x=A\cos(\omega_0 t+\varphi) \\[2mm] \mu_y=A\sin(\omega_0 t+\varphi) \\[2mm] \mu_\mathrm{L}=\sqrt{(\mu_x+\mu_y)^2}=A=\text{常数} \end{cases} \tag{1-6-14}$$

由此可知,核磁矩 $\boldsymbol{\mu}$ 在稳恒磁场中的运动特点如下:

(1)它围绕外磁场 $\boldsymbol{B}_0$ 做进动,进动的角频率为 $\omega_0 = \gamma B_0$,和 $\boldsymbol{\mu}$ 与 $\boldsymbol{B}_0$ 的夹角 θ 无关;

(2)它在 Oxy 平面上的投影 $\mu_\perp$ 是常数;

(3)它在外磁场 $\boldsymbol{B}_0$ 方向上的投影 μ_z 为常数。

其运动图像如图 1-6-3 所示。

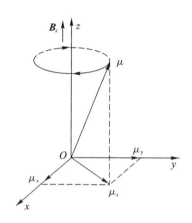

图 1-6-3　磁矩在磁场中的运动　　　　图 1-6-4　转动坐标系中的磁矩

现在来研究,如果在与 $\boldsymbol{B}_0$ 垂直的方向上加一个旋转磁场,其磁感应强度为 $\boldsymbol{B}_1$,且 $B_1 \ll B_0$,会出现什么情况。如果这时再在垂直于 $\boldsymbol{B}_0$ 的平面内加上一个弱的旋转磁场 $\boldsymbol{B}_1$,$\boldsymbol{B}_1$ 的角频率和转动方向与核磁矩 $\boldsymbol{\mu}$ 的进动角频率和进动方向都相同,如图 1-6-4 所示。这时,核磁矩 $\boldsymbol{\mu}$ 除了受到 $\boldsymbol{B}_0$ 的作用之外,还要受到旋转磁场 $\boldsymbol{B}_1$ 的影响,也就是说 $\boldsymbol{\mu}$ 除了要围绕 $\boldsymbol{B}_0$ 进动之外,还绕旋转磁场进动。所以 $\boldsymbol{\mu}$ 与 $\boldsymbol{B}_0$ 之间的夹角 θ 将发生变化。由核磁矩的势能

$$E = -\boldsymbol{\mu} \cdot \boldsymbol{B} = -\mu B_0 \cos\theta \qquad (1\text{-}6\text{-}15)$$

可知,θ 的变化意味着核的能量状态变化。当 θ 值增加时,核要从旋转磁场 $\boldsymbol{B}_1$ 中吸收能量,这就是核磁共振。产生共振的条件为

$$\omega = \omega_0 = \gamma B_0 \qquad (1\text{-}6\text{-}16)$$

这一结论与由量子力学得出的结论完全一致。

如果旋转磁场 $\boldsymbol{B}_1$ 的转动角频率 ω 与核磁矩 $\boldsymbol{\mu}$ 的进动角频率 ω_0 不相等,即 $\omega \neq \omega_0$,则角度 θ 的变化不显著。一般来说,θ 角的变化为零。原子核没有吸收磁场的能量,因此就观察不到核磁共振信号。

4.弛豫时间、布洛赫方程

上面讨论的是单个核的核磁共振。但在实验中研究的样品不是单个核磁矩,而是由核磁矩构成的磁化强度矢量 $\boldsymbol{M}$;另外,研究的系统并不是孤立的,而是与周围物质有一定的相互作用。只有全面考虑了这些问题,才能建立起核磁共振的理论。

因为磁化强度矢量 $\boldsymbol{M}$ 是单位体积内核磁矩 $\boldsymbol{\mu}$ 的矢量和,所以有

$$\frac{\mathrm{d}\boldsymbol{M}}{\mathrm{d}t} = \gamma \cdot (\boldsymbol{M} \times \boldsymbol{B}) \qquad (1\text{-}6\text{-}17)$$

它表明磁化强度矢量 $\boldsymbol{M}$ 围绕着外磁场 $\boldsymbol{B}_0$ 做进动,进动的角频率 $\omega = \gamma B$。

原子核系统吸收了射频场能量之后,处于高能态的粒子数目增多,亦使得 $M_z < M_0$,因而原子核系统偏离热平衡状态。由于自旋与晶格的相互作用,晶格将吸收核的能量,使原子核跃迁到低能态而向热平衡过渡。表示这个过渡的特征时间称为纵向弛豫时间,用 T_1 表示,它反映了沿外磁场方向上磁化强度矢量大小由 M_z 恢复到平衡值 M_0 所需时间的多少。此外,自旋与自旋之间也存在相互作用,M 的横向分量大小由也要由非平衡态时的 M_x 和 M_y 向平衡态时的值 $M_x = M_y = 0$ 过渡,表征这个过程的特征时间为横向弛豫时间,用 T_2 表示。

前面分别分析了外磁场和弛豫过程对核磁化强度矢量 M 的作用。当上述两种作用同时存在时,描述核磁共振现象的基本运动方程为

$$\frac{\mathrm{d}M}{\mathrm{d}t} = \gamma \cdot (M \times B) - \frac{1}{T_2}(M_x i + M_y j) - \frac{M_z - M_0}{T_1}k \tag{1-6-18}$$

该方程称为布洛赫方程。式中 i, j, k 分别是 x, y, z 方向上的单位矢量。

在各种条件下求解布洛赫方程,可以解释各种核磁共振现象。一般来说,布洛赫方程中含有 $\cos\omega t$、$\sin\omega t$ 这些高频振荡项,求解很麻烦。如果能对它做坐标变换,把它变换到旋转坐标系中去,解起来就容易得多,但要严格求解仍是相当困难的。通常根据实验条件来进行简化。如果磁场或频率的变化十分缓慢,即系统达到稳定状态,则式(1-6-18)的解称为稳态解。

实际的核磁共振吸收不只发生在由式(1-6-7)所决定的单一频率上,而是发生在一定的频率范围内,即谱线有一定的宽度。通常把吸收曲线幅值的一半的宽度所对应的频率间隔称为共振线宽。由于弛豫过程造成的线宽称为本征线宽。外磁场 B_0 不均匀也会使吸收谱线加宽。吸收曲线半宽度为

$$\omega_0 - \omega = \frac{1}{T_2(1 - \gamma^2 B_1^2 T_1 T_2^{1/2})} \tag{1-6-19}$$

可见,曲线半宽度主要由 T_2 值决定,所以横向弛豫时间是线宽的主要参数。

5. 仪器与装置

核磁共振实验仪主要包括磁铁及扫场线圈、探头与样品、边限振荡器、磁场扫描电源、频率计及示波器。实验装置如图 1-6-5 所示。

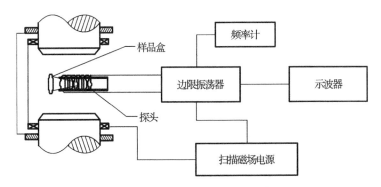

图 1-6-5　核磁共振实验装置示意图

1) 磁铁

磁铁的作用是产生稳恒磁场,它是核磁共振实验装置的核心,要求磁铁能够产生尽量强的、非常稳定、非常均匀的磁场。首先,强磁场有利于更好地观察核磁共振信号;其次,磁场空间分布均匀性和稳定性越好则核磁共振实验仪的分辨率越高。

2）边限振荡器

边限振荡器具有与一般振荡器不同的输出特性，其输出幅度随外界吸收能量的轻微增加而明显下降，当吸收能量大于某一阈值时即停振，因此通常被调整在振荡和不振荡的边缘状态，故称为边限振荡器。

如图 1-6-5 所示，样品放在边限振荡器的振荡线圈中，振荡线圈放在固定磁场 B_0 中，由于边限振荡器处于振荡与不振荡的边缘，当样品吸收的能量不同（即线圈的 Q 值发生变化）时，振荡器的振幅将有较大的变化。当发生共振时，样品吸收增强，振荡变弱，经过二极管的倍压检波，就可以把反映振荡器振幅大小变化的共振吸收信号检测出来，进而用示波器显示。由于采用边限振荡器，所以射频场强度很弱（但并不是无限弱），饱和的影响很小。但如果电路调节得不好，偏离边线振荡器状态很远，一方面射频场强度很强，会出现饱和效应，另一方面，样品中少量的能量吸收对振幅的影响很小，这时就有可能观察不到共振吸收信号。这种把发射线圈兼作接收线圈的探测方法称为单线圈法。

3）扫场单元

观察核磁共振信号最好的手段是使用示波器，但是示波器只能显示交变信号，所以必须想办法使核磁共振信号交替出现。有两种方法可以达到这一目的。一种是扫频法，即让稳恒磁场 B_0 固定，使射频场 B_1 的频率 ω 连续变化，通过共振区域，当 $\omega=\omega_0=\gamma B_0$ 时出现共振峰。另一种方法是扫频法，即把射频场 B_1 的频率 ω 固定，而让稳恒磁场 B_0 的频率连续变化，通过共振区域。这两种方法是完全等效的，显示的都是共振吸收信号 ν 与频率差 $\omega-\omega_0$ 之间的关系曲线。

由于扫场法简单易行，确定共振频率比较准确，所以通常采用大调制场技术：在稳恒磁场 B_0 上叠加一个低频调制磁场 $B_m\sin\omega't$，这个低频调制磁场就是由扫场单元（实际上是一对亥姆霍兹线圈）产生的。那么此时样品所在区域的实际磁场为 $B_0+B_m\sin\omega't$。由于调制磁场的幅度 B_m 很小，总磁场的方向保持不变，只是磁场的幅值按调制频率发生周期性变化（其最大值为 B_0+B_m，最小值为 B_0-B_m），相应的拉莫尔进动频率 ω_0 也相应地发生周期性变化，即

$$\omega_0=\gamma(B_0+B_m\sin\omega't) \tag{1-6-20}$$

这时只要将射频场的角频率 ω 调在 ω_0 变化范围之内，同时调制磁场扫过共振区域，即 $B_0-B_m\leqslant B_0\leqslant B_0+B_m$，则共振条件在调制场的一个周期内被满足两次，所以在示波器上观察到如图 1-6-6(a)所示的共振吸收信号。此时若调节射频场的频率，则吸收曲线上的吸收峰将左右移动。当这些吸收峰间距相等时，如图 1-6-6(b)所示，则说明在这个频率下的共振磁场磁感应强度为 B_0。

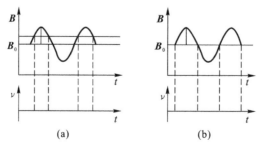

图 1-6-6　扫场法检测共振信号

值得指出的是,如果扫场速度很快,也就是通过共振点的时间比弛豫时间短得多,这时共振吸收信号的形状会发生很大的变化。在通过共振点之后,会出现衰减振荡。这个衰减的振荡称为"尾波",这种尾波非常有用,因为磁场越均匀,尾波越大,所以应调节匀场线圈使尾波达到最大。

【实验内容及步骤】

1.熟悉各仪器的性能并用相关线连接

实验中,主要应用 HZ-813 型核磁共振仪的五部分:磁铁、磁场扫描电源、边限振荡器(其上装有探头,探头内装样品)、频率计和示波器。仪器连线如图 1-6-7 所示。

(1)首先将探头旋进边限振荡器后面板指定位置,并将测量样品插入探头内。

(2)将磁场扫描电源上"扫描输出"的两个输出端接磁铁面板中的一组接线柱(磁铁面板上共有四组,是等同的,实验中可以任选一组),并将磁场扫描电源机箱后面板上的接头与边限振荡器后面板上的接头用相关线连接。

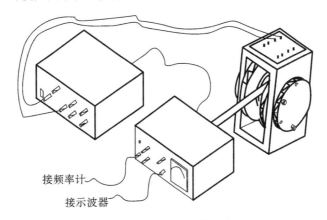

接频率计

接示波器

图 1-6-7   核磁共振仪器连线图

(3)将边限振荡器的"共振信号输出"用 Q9 线接示波器"CH1 通道"或者"CH2 通道","频率输出"用 Q9 线接频率计的 A 通道(频率计的通道选择 A 通道,即 1 Hz～100 MHz;FUNCTION 选择 FA;GATE TIME 选择 1 s)。

(4)移动边限振荡器,将探头连同样品放入磁场中,并调节边限振荡器机箱底部四个调节螺钉,使探头放置的位置能保证内部线圈产生的射频磁场方向与稳恒磁场方向垂直。

(5)打开磁场扫描电源、边线振荡器、频率计和示波器的电源,准备后面的仪器调试。

2.核磁共振信号的调节

HZ-813 型核磁共振仪配备了两种样品:1♯硫酸铜、3♯氟碳。实验中,因为硫酸铜的共振信号比较明显,所以开始时应该用 1♯样品,熟悉了实验操作之后,再选用其他样品。

(1)将磁场扫描电源的"扫描输出"旋钮顺时针调节至接近最大值位置(旋至最大值位置后,再往回旋半圈,因为最大时电位器电阻为零,输出短路,所以对仪器有一定的损伤),这样可以加大捕捉信号的范围。

(2)调节边限振荡器的频率"粗调"电位器,将频率调节至磁铁标志的 H 共振频率附近,然后旋动频率调节"细调"旋钮,在此附近捕捉信号,当满足共振条件 $\omega = \gamma B_0$ 时,可以观察到如图 1-6-8 所示的共振信号。调节旋钮时要尽量慢,因为共振范围非常小,很容易跳过。

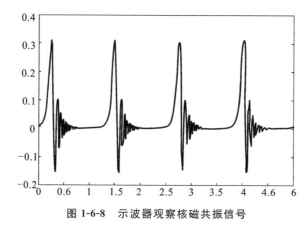

图 1-6-8　示波器观察核磁共振信号

注:因为磁铁的磁感应强度随温度的变化而变化(成反比关系),所以应在标志频率附近 ± 1 MHz 的范围内进行信号的捕捉。

(3)调出大致共振信号后,降低扫描幅度,调节频率"微调"旋钮至信号等宽,同时调节样品在磁铁中的空间位置以得到微波最多的共振信号。

(4)测量氟碳样品时,将测得的氢核的共振频率除以 42.577,再乘以 40.055,即得到氟的共振频率(例如:测量得到氢核的共振频率为 20.000 MHz,则氟的共振频率为 $20.000 \div 42.577 \times 40.055$ MHz $= 18.815$ MHz)。将氟样品放入探头中,将频率调节至磁铁上标志的氟的共振频率值,并仔细调节得到共振信号。由于氟的共振信号比较小,故此时应适当降低扫描幅度(一般不大于 3 V),这是因为样品的弛豫时间过长导致产生饱和现象而引起信号变小。射频幅度随样品而异。表 1-6-1 列举了部分样品的最佳射频幅度,在初次调试时应注意,否则信号太小不容易观测。

表 1-6-1　部分样品的弛豫时间及最佳射频幅度范围

样　品	弛豫时间(T_1)	最佳射频幅度范围
硫酸铜	约 0.1 ms	3~4 V
甘油	约 25 ms	0.5~2 V
纯水	约 2 s	0.1~1 V
三氯化铁	约 0.1 ms	3~4 V
氟碳	约 0.1 ms	0.5~3 V

3.数据测量与记录

(1)观察水中质子的核磁共振现象,并比较纯水样品(5♯)与水中加入硫酸铜样品的核磁共振信号的变化,并用坐标纸描绘出样品在示波器中信号大致波形。

(2)已知质子的旋磁比 $\gamma = 2.6752 \times 10^2$ MHz/T,将样品换为 F^{19} 样品,调节并观察氟的共振信号(注意:氟的核磁共振信号较小,应仔细调节),然后根据刚才得到的 B_0 列表记录实验数据,计算氟核的旋磁比 γ_F、朗德因数 g_F 和核磁矩 μ_F。

【实验数据及结果】

(1)由公式 $B_0 = \dfrac{\omega}{\gamma_H}$ 可求出磁场强度,其中 γ_H 为质子旋磁比,$\gamma_H - 2.67522 \times 10^2$ MHz/T。

(2)由公式 $\gamma_F = \dfrac{f_F \gamma_H}{f_H}$ 可以求出氟样品的旋磁比。

(3)由 $\mu_I = g_F \mu_N \dfrac{P_I}{\hbar} = \gamma_F P_I$ 可得氟样品的朗德因数 $g_F = \dfrac{\gamma_F \hbar}{\mu_N}$。其中 $\mu_N = 5.050787 \times 10^{-27}$ J/T,$\hbar = \dfrac{h}{2\pi} = 1.0545726 \times 10^{-34}$ J·s。

(4)因 $P_I = \hbar I$,由核磁矩 $\mu_I = g_F \mu_N \dfrac{P_I}{\hbar}$ 求得氟样品的核磁矩。其中 I 为自旋量子数,对于 ^{19}F,其 $I = \dfrac{1}{2}$。

【思考题】

(1)简述核磁共振的原理。什么是扫场法和扫频法?

(2)NMR 实验中共用了几种磁场? 各起什么作用?

(3)试简述如何调节出共振信号。

(4)不加扫场电压能否观察到共振信号?

(5)能否用核磁共振的方法校准高斯计? 简述核磁共振测量 B_0,校准高斯计的原理。

(6)为什么用核磁共振方法测量磁场 B_0 的精度取决于共振频率的测量精度?

(7)谈谈你对本实验的感想。

实验 1-7　光电效应和普朗克常量测定

光电效应是指一定频率的光照射在金属表面时会有电子从金属表面逸出的现象。光电效应实验对于认识光的本质及早期量子理论的发展,具有里程碑式的意义。

【实验目的】

(1)了解光电效应的规律,加深对光的量子性的理解。

(2)测量截止电压 U_0 值,求出普朗克常量 h。

(3)测量光电管伏安特性。

【实验仪器】

　　GD-ⅢA 型普朗克常量测试装置由测试台和测定仪组成。测试台如图 1-7-1 所示,测定仪的前面板如图 1-7-2 所示,后面板如图 1-7-3 所示。

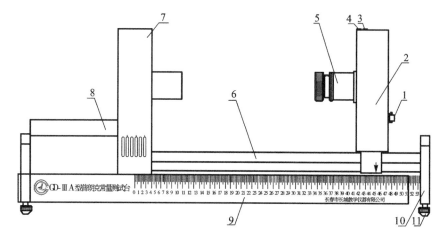

图 1-7-1　普朗克常量测试台

1—两只 Q9 座;2—光电管暗盒;3—滤光片旋转盘;4—光阑旋转盘;5—聚光系统;

6—轨道;7—汞灯盒;8—汞灯电源盒;9—标尺;10—测试台底座;11—调平底脚

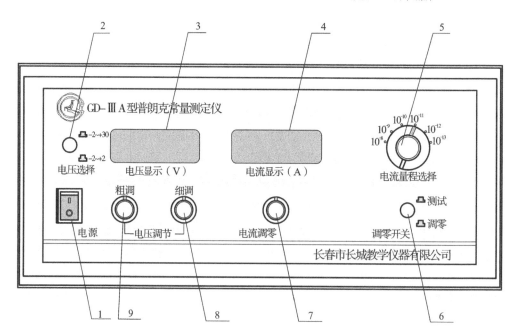

图 1-7-2　普朗克常量测定仪前面板旋钮示意图

1—电源开关;2—电压转换开关;3—电压表;4—电流表;5—电流量程选择开关;

6—电流调零按钮开关;7—电流调零旋钮;8—电压细调旋钮;9—电压粗调旋钮

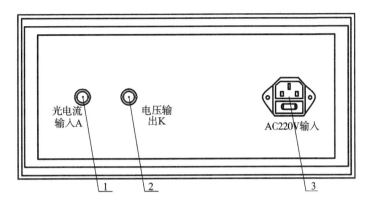

图 1-7-3　普朗克常量测定仪后面板旋钮示意图

1—光电流输入 Q9 座；2—电压输出 Q9 座；3—电源插座

1. 测试台各部件说明

（1）两只 Q9 座：①微电流输出 Q9 座，通过双头 Q9 连接线与测定仪主机相连，输出微电流；②电压输入 Q9 座，通过双头 Q9 连接线与测定仪主机相连，输入电压。

（2）光电管暗盒：内部装有光电管、滤光片旋转盘、光阑旋转盘，根据需要可整体在轨道上移动来调节与汞灯盒之间的距离，距离一般选择 30 cm 或 40 cm，如果光电管电流太小可减小距离。对于光电管，其光谱响应范围：340～700 nm；最小阴极灵敏度：$\geqslant 1\ \mu A/lm$；阳极：镍圈；阴极：银 - 氧 - 钾（Ag-O-K）；暗电流：$I \leqslant 2 \times 10^{-12} A（-2\ V \leqslant U_{AK} \leqslant 0\ V）$。

（3）滤光片旋转盘：内装有滤光波长分别为 365.0、404.7、435.8、546.1、577.0 nm 的滤光片，根据需要选择使用。

（4）光阑旋转盘：光阑孔径有 $\phi 2$、$\phi 4$、$\phi 5$、$\phi 8$、$\phi 12$ mm 几种，根据需要选择使用。一般选择 $\phi 5$ mm 或 $\phi 8$ mm；如果光电管电流太小可增大光阑孔径。

（5）聚光系统：前部装有可调透镜，以增强实验效果。

（6）轨道：装有高精度滑动轨道，可根据需要在轨道上极方便地调节光电管暗盒与汞灯盒之间的距离。

（7）汞灯盒：内部装有 50 W 汞灯管。

（8）汞灯电源盒：内部装有 50 W 汞灯管电源，上盖上装有电源插座和电源开关。

（9）标尺：用来测量汞灯盒中汞灯与光电管暗盒中光电管中心间的距离。

（10）调平底脚：调平底脚有四只，可方便地调节测试台的水平度。

2. 前面板各部件说明

（1）电压转换开关：选择 $-2 \sim +30$ V 电压做伏安特性实验，最小调节电压 10 mV；选择 -2 V$\sim +2$ V 电压做普朗克常量测定实验，最小调节电压 10 mV。

（2）电压表：显示加在光电管上的电压实时值，单位 V。

（3）电流表：显示光电管的电流值，实时电流值为显示值乘以电流量程选择开关选择的倍率；单位 A。

（4）电流量程选择开关：根据实际情况，选择合适倍率，一般选择 10^{-12}。

（5）电流调零按钮开关：出状态时测定仪内部微电流输入端与光电管断开，可进行测定仪本机调零;进状态时测定仪内部微电流输入端与光电管连接,测定仪处于测试状态,此时可进行光电流的测量。

(6)电流调零旋钮:在测定仪处于调零状态时进行本机调零,在测试状态时请不要再调节;此旋钮只有在测定仪处于调零状态时才使用。

(7)电压细调旋钮:进行光电管电压细微调节。

(8)电压粗调旋钮:进行光电管电压粗调节。

3.后面板各部件说明

(1)光电流输入 Q9 座:通过双头 Q9 连接线与光电管暗盒相连,输入光电流。

(2)电压输出 Q9 座:通过双头 Q9 连接线与光电管暗盒相连,输出电压。

(3)电源插座:通过国家标准电源线接 220 V 电源,内装 1 A 保险丝 2 只。

【实验原理】

1.验证爱因斯坦光电方程,求普朗克常量

金属在光的照射下释放出电子的现象称为光电效应。根据爱因斯坦的"光量子概念",每一个光子具有能量 $E=h\nu$,当光照射到金属上时,其能量被电子吸收,一部分消耗于电子的逸出功 W_S,另一部分转换为电子逸出金属表面后的动能。由能量守恒定律得

$$h\nu = \frac{1}{2}m v^2 + W_S \tag{1-7-1}$$

此式称为爱因斯坦光电方程。式中:h 为普朗克常量;ν 为入射光的频率;m 为电子质量;v 为电子的最大速度。式(1-7-1)右边第一项为电子最大初动能。光电方程圆满解释了光电效应的基本实验现象。

电子的初动能与入射光频率呈线性关系,与入射光的强度无关。任何金属都存在一截止频率 ν_0,$\nu_0 = W_S/h$,ν_0 又称红限。当入射光的频率小于 ν_0 时,不论光的强度如何,都不产生光电效应。此外,光电流大小(即电子数目)只决定于光的强度。

本实验通过测定电子的最大初动能,以此求出普朗克常量 h;实验原理如图 1-7-4 所示。图中 K 为光电管阴极,A 为阳极。当频率为 ν 的单色光入射到光电管阴极上时,电子从阴极逸出,向阳极运动,形成光电流。当 $U_{AK}=U_A-U_K$ 为正值时,U_{AK} 越大,光电流 I_{AK} 越大,当电压 U_{AK} 达到一定值时,光电流饱和,如图 1-7-5 中虚线所示。若 U_{AK} 为负(即在光电管上加减速电压),光电流逐渐减小,直到 U_{AK} 达到某一负值 U_S 时,光电流为零,U_S 称为遏止电压或截止电压。这是因为从阴极逸出的具有最大初动能的电子不能穿过反向电场到达阳极,即

$$eU_S = \frac{1}{2}m v^2 \tag{1-7-2}$$

将式(1-7-2)代入式(1-7-1)得

$$h\nu = e|U_S| + W_S$$

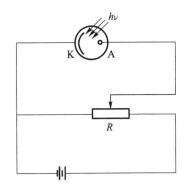

图 1-7-4　光电效应实验原理图（理想光电管）

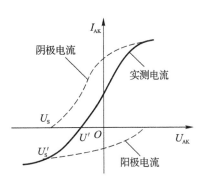

图 1-7-5　光电管的 I-U 特性

当用不同频率的单色光照射时,有

$$h\nu_1 = e|U_{S1}| + W_S$$
$$h\nu_2 = e|U_{S2}| + W_S$$
$$\vdots$$

联立其中任意两个方程,得

$$h = \frac{e(U_{Si} - U_{Sj})}{\nu_i - \nu_j} \quad (1\text{-}7\text{-}3)$$

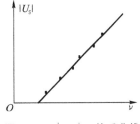

图 1-7-6　$|U_S|$-ν 关系曲线

由此可见,爱因斯坦光电方程提供了一种测量普朗克常量的方法,如果实验所得的 $|U_S|$-ν 关系曲线是一条直线,如图 1-7-6 所示,其斜率为

$$K = h/e \quad (1\text{-}7\text{-}4)$$

式中:e 为电子电荷。由此可求出普朗克常量 h。这也就证实了光电方程的正确性。

2. 光电管的实际 U-I 特性曲线(需另加装伏安特性光电管)

光电效应的实验原理如图 1-7-7 所示。入射光照射到光电管阴极 K 上,产生的光电子在电场的作用下向阳极 A 迁移构成光电流,改变外加电压 U_{AK},测量出光电流 I 的大小,即可得出光电管的伏安特性曲线。

(1)对应于某一频率,光电效应的 I-U_{AK} 关系如图 1-7-8 所示。从图中可见,对于一定的频率,有一电压 U_S,当 $U_{AK} \leqslant U_S$ 时,电流为零,这个阳极电压 U_S,被称为截止电压。

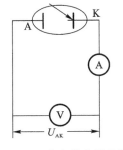

图 1-7-7　光电效应原理图

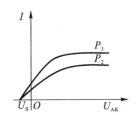

图1-7-8　同一频率不同光强时光电管的
I-U_{AK} 特性曲线

(2)当$U_{AK} \geqslant U_S$时，I迅速增加然后趋于饱和，饱和光电流I_M的大小与入射光的强度P呈正比。

(3)对于不同频率的光，其截止电压的值不同，如图1-7-9所示。

(4)绘制截止电压U_S与频率ν的关系图，如图1-7-10所示。U_S与ν呈正比关系。当入射光频率低于某极限值ν_0（ν_0随不同金属而异）时，不论光的强度如何，照射时间多长，都没有光电流产生。

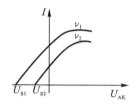 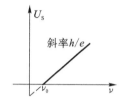

图1-7-9　不同频率时光电管的　　　　图1-7-10　截止电压U_S与入射光
　　　　　I-U特性曲线　　　　　　　　　　　　　频率ν的关系图

(5)光电效应是瞬时效应，即使入射光的强度非常微弱，只要频率大于ν_0，在开始照射后立即有光电子产生，所经过的时间至多为10^{-9} s的数量级。

【实验内容及步骤】

1. 测试前准备

(1)认真阅读仪器"使用说明书"，安放好仪器，旋转光电管暗盒上光阑旋转盘，调至"盲点"。

(2)用双头Q9连接线将光电管暗盒电压输入端与测定仪主机电压输出端（后面板上）连接起来，用双头Q9连接线将光电管暗盒电流输出端与测定仪光电流输入端连接起来，调整光电管暗盒与汞灯距离为40 cm并保持不变（做普朗克常量测定时如果光电流太小且不稳定，可减小距离）。

(3)用电源连接线将汞灯电源插座和测定仪连接起来，将220 V电源接入，打开电源开关，光源射出，预热20 min。

(4)调节电压粗调旋钮，使电压表显示在－2～2.5 V之间。

(5)使用电流量程选择开关，选择电流倍率为10^{-12}，调节电流调零旋钮进行测试前调零。调零步骤为：按出电流调零按钮开关，使电流调零按钮开关处于调零状态，再仔细调节电流调零旋钮，直至电流表显示"00.0"。实验仪在开机或改变电流量程后，都需重新进行调零，调零后在测试过程中不可再调零。

2. 测量光电管的暗电流

(1)电流倍率选择为10^{-12}，旋转光电管暗盒上光阑旋转盘，调至"盲点"，此时光电管上无光线射入。

(2)缓慢调节电压，并适当地改变电压表量程。仔细记录不同电压下的相应电流值（电流值＝倍率×电流表读数），此时所读得的数值即为光电管的暗电流。

3. 普朗克常量 h 的测定

本实验采用调零法进行普朗克常量的测定。

(1) 旋转光电管暗盒上光阑旋转盘,选择直径为 $\phi 5$ mm 或 $\phi 8$ mm 的光阑。

(2) 转动滤光片旋转盘,选择滤光片 365,使用电流量程选择开关,所需量程一般为 10^{-12}。

(3) 使用电压转换开关,选择 $-2 \sim +2$ V 的电压;调零前电压都应处在 -2 V 或小于 -2 V。

(4) 按出电流调零按钮开关至调零状态。

(5) 调节电流调零旋钮使电流表显示为"00.0"。

(6) 按进电流调零按钮开关使仪器进入测试状态。

(7) 顺时针调节电压粗调旋钮,从 -2 V 或小于 -2 V 开始调节电压,直至电压表显示为"00.0",记录截止电压 U_S 值并记入表 1-7-1。

表 1-7-1　U_S-ν 关系　　距离 $L=$ _____ cm　　光阑 $\phi=$ _____ mm

波长 λ/nm	365.0	404.7	435.8	546.1	577.0	$h \times 10^{-34}$/(J·s)	σ/(%)
频率/($\times 10^{14}$ Hz)	8.22	7.41	6.88	5.49	5.20		
截止电压 U_S/V							

(8) 再转动滤光片旋转盘,依次选择滤光片直至 577,分别重复以上步骤并记录相应数据。

注:在整个过程中不可再调零。

4. 测量光电管伏安特性

(1) 旋转光电管暗盒上光阑旋转盘,选择直径 $\phi 5$ mm 的光阑,转动滤光片旋转盘,选定所选滤光片。

(2) 选择合适电流倍率(一般为 10^{-12}),调零状态下调节电流调零旋钮,使电流表显示为"00.0"。

(3) 进入测试状态,选择电压范围为"$-2 \sim +30$ V"。

(4) 缓慢调节电压大小,逐步增加电压值。

(5) 记录不同电压下的饱和光电流 I_M 值并记入表 1-7-2。

表 1-7-2　I_M-U_{AK} 关系

U_{AK}/V									
I_M($\times 10^{-12}$)									

(6) 改变汞灯与光电管暗盒间的距离,重复以上操作。

(7) 选择不同波长的光重复以上操作,记录数据。

【实验数据及结果】

1. 测量普朗克常量 h

由表 1-7-1 的实验数据,得出不同频率下的截止电压 U_S,描绘在方格纸上,即作出 U_S-ν

曲线。如果光电效应遵从爱因斯坦方程,则 U_S-ν 关系曲线应该是一根直线。求出直线的斜率:$K = \Delta U_S / \Delta \nu$,求出普朗克常量 $h = eK$,并算出测量值与公认值之间的相对误差:$E = \dfrac{h - h_0}{h_0}$,$e = 1.602 \times 10^{-19}$ C,$h_0 = 6.626 \times 10^{-34}$ J·s。

2. 测绘光电管的伏安特性曲线

(1) 观察 5 条谱线在同一光阑、同一距离下的伏安特性曲线。

(2) 观察某条谱线在不同距离(即不同光通量)下的伏安特性曲线。

在 U_{AK} 为 30 V 时,测量同一谱线、同一入射距离,光阑直径分别为 5 mm、8 mm 时对应的电流值并记录于表 1-7-3 中,验证光电管饱和光电流与入射光强是否呈正比。在 U_{AK} 为 20 V 时测量同一谱线、同一光阑,光电管与入射光在不同距离,如 100、400 mm 等时对应的电流值并记录于表 1-7-4 中,验证光电管的饱和光电流与入射光强是否呈正比。

表 1-7-3　I_M-P 关系　$U_{AK} = $_____ V　$\lambda = $_____ nm　$L = $_____ mm

光阑直径 ϕ			
$I_M(\times 10^{-12})$			

表 1-7-4　I_M-P 关系　$U_{AK} = $_____ V　$\lambda = $_____ nm　$L = $_____ mm

入射距离 L			
$I_M(\times 10^{-12})$			

【注意事项】

(1) 为了保证仪表工作正常,非专门检修设备的单位和个人,请勿打开机盖进行检修,更不允许调整和更换元件,否则将无法保证仪表测量的准确度。

(2) 汞灯电源关闭之后,不能立即重新开启,否则汞灯易烧坏,必须在几分钟之后,再接通电源。

(3) 仪器不宜在强磁场、强电场、高湿度及温度变化率大的场合下工作。

(4) 实验完毕后,旋转光电管暗盒上光阑旋转盘,调至"盲点",避免强光照射,以免缩短光电管寿命。

【思考题】

(1) 测定普朗克常量的关键是什么? 怎样根据光电管的特性曲线选择适宜的测定截止电压 U_S 的方法?

(2) 从截止电压 U_S 与入射光的频率 ν 的关系曲线中,能否确定阳极材料的逸出功?

(3) 本实验存在哪些误差来源? 实验中如何解决这些问题?

实验 1-8　真空的获得与测量

【实验目的】

(1)了解真空泵、真空计的工作原理。

(2)了解真空泵的结构和操作方法。

(3)掌握低真空、高真空的获得与测量的方法。

【实验仪器】

WDY-Ⅴ型电子衍射仪(JK-150 型真空机组、FZh-2B 型复合真空计)。

【实验原理】

1. 真空的获得

(1)机械泵:利用机械的旋转造成吸气、排气过程以获得真空。一般采用油封转片式机器泵,其结构如图 1-8-1 所示,在圆柱形气缸(定子)内有偏心圆柱作为转子,当转子绕轴转动时,其最上部与气缸内表面紧密接触,沿转子的直径装有两个滑动片(简称滑片),其间装有弹簧,当转子转动时,就可以把容器内的气体由进气管吸入而经过排气孔、排气阀排出机械泵。为了减少转动摩擦和防止漏气,排气阀及其下部的机械泵内部的空腔部分用密封油密封。机械泵用的密封油是一种矿物油,要求在机械泵的工作温度下有小的饱和蒸气压和适当的黏度,机器泵的极限真空度一般在 $10^{-2} \sim 10^{-4}$ mmHg,抽气速率一般为每分钟数十升到数百升。

(2)扩散泵:一般多采用油扩散泵,其结构如图 1-8-2 所示,扩散泵是高真空泵,当机器泵的极限真空度不能满足要求时,通常加扩散泵来获得高真空度。这种泵不能从通常气压下开始工作,真空度达 5 Pa 后方可开扩散泵加热器。因此,通常以机械泵作为扩散泵的前级泵,工作范围为 $10^{-6} \sim 10^{-1}$ Pa。

2. 真空度的测量

测量真空度的装置称为真空计,真空计的种类很多,根据气体产生的压强、气体的黏滞性、动量转换率、热导率、电离等原理可制成各种真空计。常用的有热电偶和电离真空计。热电偶真空计用来测量低真空,可测范围为 $10 \sim 10^{-1}$ Pa,它是利用低压下气体的热传导与压强呈正比的特点制成的。电离真空计也叫电离规,是根据电子与气体分子碰撞产生电离电流随压强变化的原理制成的,测量范围为 $10^{-6} \sim 10^{-1}$ Pa,要注意:当真空度低于 1×10^{-1} Pa 时,不能接通电离真空计,因为过高的离子流将烧毁电离规管。为了使用方便,常把热电偶和电离真空计组合成复合真空计。

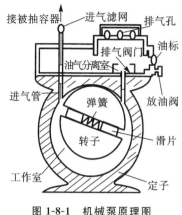

图 1-8-1　机械泵原理图

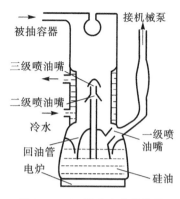

图 1-8-2　三级喷油嘴扩散泵

【实验内容及步骤】

1. 准备阶段

(1) 检查电子衍射仪所有开关是否在关断位置。

(2) 检查蝶阀(高真空阀)是否在关断位置。

(3) 检查冷却水源是否正常。

(4) 检查复合真空计所有开关是否在关断位置。

2. 获取低真空

(1) 关好放气阀,蝶阀在关位置,其他各密封口盖好。

(2) 开"电源"开关,按一下机械泵"开"按钮,机械泵开始工作(注意电磁放气阀是否卡住,抽气是否正常)。

(3) 将三通阀拉出(拉位)抽气 1~2 min,再将三通阀推进(推位)抽气 1~2 min,然后打开蝶阀(手柄转到水平位置)。

(4) 打开复合真空计,用热偶真空计测定真空度,当真空度达到 5 Pa 以上时,达到低真空要求。

3. 获取高真空

(1) 当真空度达到 5 Pa 以上时,接通冷却水,打开扩散泵。注意保持三通阀在"推位",蝶阀在"开"位。

(2) 扩散泵加热 30 min 后开始正常工作。

(3) 当真空度达到 1×10^{-1} Pa 以上时,才能接通电离真空计,进行高真空度的测量,直至真空度达到实验要求。

4. 结束阶段

(1) 关断复合真空计的灯丝及电源开关。

(2) 蝶阀置于"关"位置,三通阀往外拉至死点。

(3) 停机械泵,关总电源。

（4）打开进气阀。

（5）待扩散泵冷却后切断水源,全部工作结束。

注:使用的仪器有 35 kV 高压,高压开关必须始终放在关的位置!

【实验数据及结果】

观察真空度的变化,记录对应的数据。

【注意事项】

（1）防止机械泵油倒溃。

（2）真空度达 5 Pa 方可开扩散泵加热器。

（3）当真空度低于 1×10^{-1} Pa 时,不能接通电离真空计,因为过高的离子流将烧毁电离规管。

【思考题】

在什么条件下才可以给扩散泵加热? 在什么条件下可以使用电离真空计进行测量?

第2章　光电技术基础实验

光电技术作为信息科学的一个分支,它将传统光学技术、现代微电子技术、精密机械及计算机技术有机结合起来,成为获取光信息或借助光提取其他信息的重要手段。将电子技术的各种基本概念,如调制与解调、放大与振荡、倍频与差频等移植到光频段,产生了光频段的电子技术。这一先进技术使人类能更有效地扩展自身的视觉能力,使视觉的长波限延伸到亚毫米波,短波限延伸至紫外、X 射线、γ 射线,乃至高能粒子,并可以在飞秒级记录超快速现象(如核反应、航空器发射)的变化过程。

本章主要涉及光敏电阻、光电二极管、光电三极管及硅光电池等特性测试实验。

实验 2-1　光敏电阻特性测量实验

物质吸收光子的能量产生本征吸收或杂质吸收,从而改变物质电导率的现象,称为物质的光电导效应。利用具有光电导效应的材料可以制成电导率随入射光强度变化的器件,称为光电导器件或光敏电阻。

光敏电阻具有体积小、坚固耐用、价格低廉、光谱响应范围宽等优点,广泛应用于微弱辐射信号的探测领域。

1.光敏电阻的结构

通常,光敏电阻都制成薄片结构,以吸收更多的光能。在底板上均匀地涂上一层薄薄的半导体物质,称为光敏层。半导体的两端装有金属电极,与引出线端相连接,通过引出线端接入电路。为了防止周围介质的影响,在半导体光敏层上覆盖了一层漆膜,漆膜的成分应使半导体在光敏层最敏感的波长范围内透射率最大。为了提高灵敏度,光敏电阻的电极一般采用梳状图案,它是在一定的掩膜下向光电导薄膜上层镀金或铟等金属形成的。光敏电阻示意图如图 2-1-1 所示。

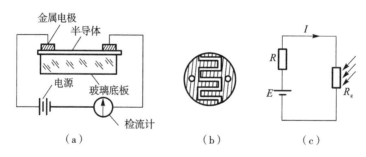

图 2-1-1　光敏电阻示意图

(a)光敏电阻结构;(b)光敏电阻电极;(c)接线图

2. 光敏电阻的主要参数与特性

光敏电阻根据其光谱特性,可分为三种。

(1)紫外光敏电阻:对紫外线反应较灵敏,包括硫化镉、硒化镉光敏电阻等,用于探测紫外线。

(2)红外光敏电阻:主要有硫化铅、碲化铅、硒化铅、锑化铟等光敏电阻,广泛用于导弹制导、天文探测、非接触测量、人体病变探测、红外通信等国防、科学研究和生产中。

(3)可见光光敏电阻:包括硒、硫化镉、硒化镉、硅、砷化镓、硫化锌光敏电阻等,主要用于各种光电控制系统,如光电自动开关门户,航标灯、路灯和其他照明系统的自动亮灭,自动给水和自动停水装置,机械上的自动保护装置和位置检测器,极薄零件的厚度检测器,照相机自动曝光装置,光电计数器,烟雾报警器,光电跟踪系统等方面。

光敏电阻的主要参数如下。

(1)光电流、亮电阻。在一定的外加电压下,当有光照射时,流过光敏电阻的电流称为光电流,外加电压与光电流之比称为亮电阻。

(2)暗电流、暗电阻。在一定的外加电压下,当没有光照射的时候,流过光敏电阻的电流称为暗电流,外加电压与暗电流之比称为暗电阻。

(3)灵敏度。灵敏度是指光敏电阻不受光照射时的电阻值(暗电阻)与受光照射时的电阻值(亮电阻)的相对变化值。

(4)光谱响应。光谱响应又称光谱灵敏度,是指光敏电阻在不同波长的单色光照射下的灵敏度。将不同波长下的灵敏度画成曲线,就可以得到光谱响应曲线。

(5)光电特性。光电特性指光敏电阻输出的电信号随光照强度变化而变化的特性。从光敏电阻的光电特性曲线可以看出,随着光照强度的增加,光敏电阻的阻值开始迅速下降。进一步增大光照强度,电阻值变化减小,光电特性曲线逐渐趋向平缓。在大多数情况下,该特性曲线为非线性曲线。

(6)伏安特性曲线。伏安特性曲线可用来描述光敏电阻的外加电压与光电流的关系,对于光敏电阻来说,其光电流随外加电压的增大而增大。

(7)温度系数。光敏电阻的光电效应受温度影响较大,部分光敏电阻在低温下的灵敏度较高,而在高温下的灵敏度则较低。

(8)额定功率。额定功率是指光敏电阻在电路中所允许消耗的功率,当温度升高时,其消耗的功率就降低。

3. 光敏电阻的工作原理

在本征半导体中,电子未获得其他能量之前处于基态,价带充满了电子,导带没有电子,而当因晶体缺陷产生的能级又不能激发自由电子时,这些材料的电阻是较大的。但是,如果这些材料内的电子受到外来能量如光子的激发,且这种激发又能使电子获得足够的能量越过禁带而跃入导带,则材料中就会产生大量的电子及空穴(光生载流子)参与导电,因而材料的电阻就相应减小。这是由本征光吸收所引起的光电导效应,这种光电导效应的长波阈值为 $\lambda = \Delta P_s / \Delta T (\mu m)$。禁带宽度 E_g 是确定光电导效应的光波波长的因素,当超过长波阈值的光波射到半导体材料上时会产生光电导效应。此外,产生光电导效应的材料还有一个短波阈值,它由价带底边和导带顶边之间的能量差决定,当入射光波长超过短波阈值时,光子能量就会使电子跃出导带顶边。不过,有时也不完全如此。

在掺杂半导体中,除了本征光电导外,还存在杂质光电导。对 P 型半导体来说,由于其受主能带接近价带,所以价带中的电子很容易从光子吸收能量跃入受主能带,使价带产生空穴参与导电。对 N 型半导体来说,由于其施主能带靠近导带,所以施主能带中的电子很容易从光子获得足够的能量进入导带而参与导电。这是由杂质吸收所产生的杂质光电导效应。但应该指出,由于掺入半导体中的杂质原子数目比半导体本来的原子数目要少得多,所以杂质光电导比本征光电导微弱。当光子能量大时易发生本征光电导,光子能量小时易发生杂质光电导。这是由于发生本征光电导时,电子从价带穿越禁带而跃入导带,而发生杂质光电导时,施主能带电子跃入导带,价带电子跃入受主能带。

光敏电阻的工作原理基于内光电效应。用于制造光敏电阻的材料主要是金属的硫化物、硒化物和碲化物等。通常采用涂敷、喷涂、烧结等方法在绝缘衬底上制作很薄的光敏电阻体及梳状欧姆电极,接出引线,封装在具有透光镜的密封壳体内,以免受潮影响其灵敏度。在黑暗环境里,它的电阻值很高,当受到光照时,只要光子能量大于半导体材料的禁带宽度,则价带中的电子吸收一个光子的能量后可跃迁到导带,并在价带中产生一个带正电荷的空穴,这种由光照产生的电子-空穴对增加了半导体材料中载流子的数目,使其电阻率变小,造成光敏电阻阻值下降。光照愈强,阻值愈小。入射光消失后,由光子激发产生的电子-空穴对将复合,光敏电阻的阻值也就恢复原值。在光敏电阻两端的金属电极加上电压,其中便有电流通过,受到光线照射时,电流就会随光强的增强而变大,从而实现光电转换。光敏电阻没有极性,是一个电阻器件,使用时既可加直流电压,也可加交流电压。半导体的导电能力取决于半导体导带内载流子数目的多少。

光敏电阻的暗电阻越大而亮电阻越小,则性能越好,也就是说,暗电流要小,光电流要大,这样的光敏电阻的灵敏度就高。实际上,大多数光敏电阻的暗电阻往往超过 1 MΩ,甚至高达 100 MΩ,而亮电阻即使在正常白昼条件下也在 1 kΩ 以下,可见光敏电阻的灵敏度是相当高的。

4.光敏电阻的应用

光敏电阻属半导体光敏器件,除具灵敏度高、反应速度快、光谱特性好等特点外,在高温、潮湿的恶劣环境下,还能保持高度的稳定性和可靠性,可广泛应用于照相机、太阳能庭院灯、草坪灯、验钞机、石英钟、音乐杯、礼品盒、迷你小夜灯、光声控开关、路灯自动开关以及各种光控玩具等光自动开关控制领域。

【实验目的】

(1)了解光敏电阻的工作原理和使用方法。

(2)掌握光强与光敏电阻电阻值关系测试方法。

(3)掌握光敏电阻的光电特性及其测试方法。

(4)掌握光敏电阻的伏安特性及其测试方法。

(5)掌握光敏电阻的光谱响应特性及其测试方法。

(6)掌握光敏电阻的时间响应特性及其测试方法。

【实验仪器】

光电技术综合实验平台,特性测试实验模块,光源特性测试模块,连接导线若干。

【实验原理】

光敏电阻在黑暗的室温条件下,由于热激发产生的载流子使它具有一定的电导,该电导称为暗电导,其倒数为暗电阻,一般的暗电导值都很小(或暗电阻阻值都很大)。当有光照射在光敏电阻上时,电阻电导将变大,这时的电导称为光电导。电导随照度变化越大的光敏电阻,其灵敏度就越高,这个特性称为光敏电阻的光电特性,也可定义为光电流与照度的关系。

光敏电阻在弱辐射和强辐射作用下表现出不同的光电特性(线性和非线性)。其光电特性可用在恒定电压下流过光敏电阻的电流 I_P 与作用到光敏电阻上的照度 E 的关系曲线来描述,不同材料的光电特性是不同的,绝大多数光敏电阻光电特性是非线性的。

光敏电阻的本质是电阻,因此它具有与普通电阻相似的伏安特性。在一定的照度下,加到光敏电阻两端的电压与流过光敏电阻的亮电流之间的关系称为光敏电阻的伏安特性。光敏电阻符号和连接方法如图 2-1-2 所示。

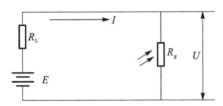

图 2-1-2　光敏电阻的符号和连接

【实验内容及步骤】

组装好光源、遮光筒和光探结构件,如图 2-1-3 所示,实验电路参照图 2-1-2。

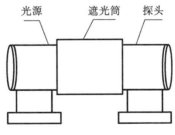

图 2-1-3　光路结构示意图

(1)打开光电技术综合实验平台电源,调节照度计调零旋钮,至照度计显示为"000.0"为止。

(2)特性测试模块的 0～12 V(J5)和 GND 连接到台体的 0～12 V 可调电源的 V_{out+} 和 V_{out-} 上。

(3)电流表正极与 J5 连接,电流表负极连接光敏电阻套筒黄色插孔,光敏电阻套筒蓝色插孔连接 J6,电压表正极连接光敏电阻套筒黄色插孔,电压表负极连接光敏电阻套筒蓝色插孔。光敏电阻红黑插座与照度计红黑插座相连。

(4)将光源特性测试模块＋5V 和 GND 连接到台体的＋5V 和 GND1 上,航空插座 FLED-IN 与全彩灯光源套筒相连接。打开光源特性测试模块电源开关 K101,将 S601、S602、S603 开关向下拨(OFF 挡),使照度为 0,即照度计显示为"000.0"。

(5)将 S601、S602、S603 开关向上拨(ON 挡),将可调电源电压调为 5 V,光源颜色选为白光,调节"照度加"或"照度减",测量照度为 100、150、200、250、300、350、400、450、500、550、600 lx 时电压表对应的电压值 U,电流表对应的电流值 I,计算光敏电阻值 $R_L = U/I$,将实验数据记录于表 2-1-1 中。

表 2-1-1　5 V 偏压下光强与光敏电阻阻值关系测量

照度/lx	100	150	200	250	300	350	400	450	500	550	600
电压 U/V											
电流 I/mA											
电阻 R_L/kΩ											

(6)改变电源供电电压,分别记录电源电压为 8 V 时,不同照度下对应的电压、电流值于表 2-1-2 中。

表 2-1-2　8 V 偏压下光强与光敏电阻阻值关系测量

照度/lx	100	150	200	250	300	350	400	450	500	550	600
电压 U/V											
电流 I/mA											
电阻 R_L/kΩ											

(7)保持照度为 100 lx 不变,调节电源供电电压,使供电电压为 1、2、3、4、5、6、7、8、9、10 V,分别记录对应的电压、电流值于表 2-1-3 中。

表 2-1-3　100 lx 照度,光敏电阻伏安特性测试

偏压/V	1	2	3	4	5	6	7	8	9	10
电压 U/V										
电流 I/mA										

(8)调节"照度加",使光照为 200、300、400、500、600 lx,记录同一照度不同电压下对应的电流值,并分别记录在表 2-1-4 至表 2-1-8 中。

表 2-1-4　200 lx 照度,光敏电阻伏安特性测试

偏压/V	1	2	3	4	5	6	7	8	9	10
电压 U/V										
电流 I/mA										

表 2-1-5　300 lx 照度,光敏电阻伏安特性测试

偏压/V	1	2	3	4	5	6	7	8	9	10
电压 U/V										
电流 I/mA										

表 2-1-6　400 lx 照度,光敏电阻伏安特性测试

偏压/V	1	2	3	4	5	6	7	8	9	10
电压 U/V										
电流 I/mA										

表 2-1-7　500 lx 照度,光敏电阻伏安特性测试

偏压/V	1	2	3	4	5	6	7	8	9	10
电压 U/V										
电流 I/mA										

表 2-1-8　600 lx 照度,光敏电阻伏安特性测试

偏压/V	1	2	3	4	5	6	7	8	9	10
电压 U/V										
电流 I/mA										

【实验数据及结果】

根据记录的实验数据,绘出光强与光敏电阻阻值曲线、伏安特性曲线等并分析。

【注意事项】

(1)打开电源之前,将电源调节旋钮逆时针旋至底端。

(2)实验操作中不要带电插拔导线,应该在熟悉原理后,按照电路图连接,检查无误后,方可打开电源进行实验。

(3)若照度计、电流表或电压表显示为"1",说明超出仪表量程,选择合适的量程再测量。

(4)严禁将任何电源对地短路。

【思考题】

(1)简述光敏电阻的工作原理。

(2)观察实验现象是否和实验原理所描述的内容相一致。

实验 2-2　　光电二极管特性测试实验

【实验目的】

(1)掌握光电二极管的工作原理。
(2)掌握光电二极管的基本特性。
(3)掌握光电二极管特性的测试方法。
(4)了解光电二极管的基本应用。

【实验仪器】

光电技术综合实验平台、光通路组件、光电二极管及封装组件、2♯迭插头对、示波器、微安表、电压表、照度计等。

【实验原理】

光电二极管的结构和普通二极管的相似,只是它的 PN 结装在管壳顶部,光线通过透镜制成的窗口,可以集中照射在 PN 结上,如图 2-2-1(a)所示是其结构示意图。光电二极管在电路中通常处于反向偏置状态,其连接如图 2-2-1(b)所示。

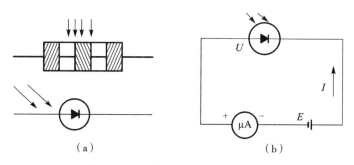

（a）　　　　　　　　　　　　　（b）

图 2-2-1　光电二极管的结构与连接

PN 结加反向电压时,反向电流的大小取决于 P 区和 N 区中少数载流子的浓度,无光照时 P 区中少数载流子(电子)和 N 区中的少数载流子(空穴)都很少,因此反向电流很小。

但是当光照射 PN 结时,只要光子能量 $h\nu$ 大于材料的禁带宽度,PN 结及其附近就会产生光生电子-空穴对,从而使 P 区和 N 区少数载流子浓度大大增加,它们在外加反向电压和 PN 结内电场作用下定向运动,分别在两个方向上渡越 PN 结,使反向电流明显增大。如果入射光的照度改变,光生电子-空穴对的浓度将相应改变,通过外电路的光电流强度也会随之改变,光电二极管就把光信号转换成了电信号。

【实验内容及步骤】

1. 测量光电二极管的暗电流

实验装置原理框图如图 2-2-2 所示,但是在实际操作过程中,光电二极管和光电三极管的暗电流非常小,只有 nA 数量级,因此,对电流表的要求较高。本实验中,采用在电路中串联大电阻的方法,R_L 取为 20 MΩ,再利用欧姆定律计算出支路中的电流即所测光电二极管的暗电流($I_暗 = U/R_L$)。

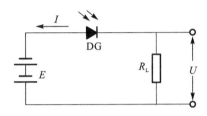

图 2-2-2　实验装置原理

(1)组装好光通路组件,将照度计与照度计探头输出正负极对应相连(红为正极,黑为负极),将光源驱动及信号处理模块上的接口 J2 与光通路组件光源接口使用彩排数据线相连,将光电技术综合实验平台的"＋5 V""⊥""－5 V"对应接到光源驱动模块上的"＋5 V""GND""－5 V"。

(2)将三掷开关 S2 拨到"静态"。

(3)调节电源模块的 0～15 V 可调直流电源,将直流电压调到 15 V。

(4)光照度调节电位器逆时针调到最小,此时照度计的读数应为 0,关闭电源,拆除导线(注意:在下面的实验操作中请不要动电源调节电位器,以保证直流电源输出电压不变)。

(5)按图 2-2-2 所示的电路图连接电路,选择负载 R_L＝20 MΩ。

(6)打开电源开关,等电压稳定后测得负载电阻 R_L 上的压降 $U_暗$,则暗电流 $I_暗 = U_暗 / R_L$,所得的暗电流即为偏置电压在 15 V 时的暗电流。(注意:在测试暗电流时,应先将光电器件置于黑暗环境中 30 min 以上,否则测试过程中电压表需一段时间后才可稳定!)

(7)实验完毕,可调直流电源电位器调至最小,关闭电源,拆除所有连线。

2. 测量光电二极管的光电流

实验装置原理电路如图 2-2-3 所示。

(1)组装好光通路组件,具体连接方法与光电二极管暗电流测量实验的方法相同。

(2)将三掷开关 S2 拨到"静态"。

(3)按图 2-2-3 连接电路,E 选择 0～15 V 直流电源,选择取 R_L＝1 kΩ。

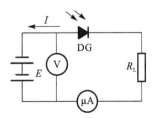

图 2-2-3　光电二极管光电流测试

(4)打开电源,缓慢调节光照度调节电位器,直到光照为 300 lx(约为环境光照),缓慢调节可调直流电源电位器,直至电压为 6 V,读出此时微安表的读数,即为光电二极管在偏压 6 V,光照 300 lx 时的光电流。

（5）实验完毕，将照度调至最小，直流电源调至最小，关闭电源，拆除所有连线。

3.验证光电二极管的光电特性

实验装置原理框图如图 2-2-3 所示。

（1）组装好光通路组件，具体连接方法与光电二极管暗电流测量实验的方法相同。

（2）将三掷开关 S2 拨到"静态"。

（3）按图 2-2-3 所示的电路图连接电路，E 选择 0～15 V 直流电源，选择负载 $R_L = 1\ k\Omega$。

（4）将光照度调节电位器逆时针调至最小值。打开电源，调节可调直流电源电位器，直到电压为 8 V 左右。顺时针调节光照度调节电位器，增大照度值，分别记下不同照度对应的光生电流值，填入表 2-2-1。若电流表或照度计显示为"1"，说明超出量程，应改为合适的量程再测试。

表 2-2-1　8 V 偏压下的光生电流

照度/lx	0	100	300	500	700	900
光生电流/μA						

（5）将光照度调节电位器逆时针调节到最小值位置后关闭电源。

（6）将电路 2-2-3 改为 0 偏压。

（7）打开电源，顺时针调节光照度调节电位器，增大照度值，分别记下不同照度对应的光生电流值，填入表 2-2-2。若电流表或照度计显示为"1"，说明超出量程，应改为合适的量程再测试。

表 2-2-2　0 V 偏压下的光生电流

照度/lx	0	100	300	500	700	900
光生电流/μA						

（8）根据表 2-2-1 和表 2-2-2 中实验数据，在同一坐标轴中画出两条曲线，并进行比较。

（9）实验完毕，将照度调至最小，直流电源调至最小，关闭电源，拆除所有连线。

4.检验光电二极管的伏安特性

实验装置原理框图如图 2-2-3 所示。

（1）组装好光通路组件，具体连接方法与光电二极管暗电流测量实验的方法相同。

（2）将三掷开关 S2 拨到"静态"。

（3）按图 2-2-3 所示的电路图连接电路，E 选择 0～15 V 直流电源，选择负载 $R_L = 2\ k\Omega$。

（4）打开电源，顺时针调节光照度调节电位器，使照度为 500 lx，保持照度不变，调节可调直流电源电位器，记录反向偏压为 0、2、4、6、8、10、12 V 时的电流表读数，填入表 2-2-3，关闭电源（注意：直流电源不可调至数值高于 20 V，以免烧坏光电二极管）。

（5）根据上述实验结果，画出 500 lx 照度下的光电二极管伏安特性曲线。

（6）重复上述步骤。分别测量光电二极管在 300 lx 和 800 lx 照度下,不同偏压下的光生电流值,在同一坐标轴画出伏安特性曲线,并进行比较。

（7）实验完毕,将照度调至最小,直流电源调至最小,关闭电源,拆除所有连线。

表 2-2-3　光电二极管伏安特性测试

偏压/V	0	-2	-4	-6	-8	-10	-12
光生电流/μA							

5.测试光电二极管的时间响应特性

（1）组装好光通路组件,具体连接方法与光电二极管暗电流测量实验的方法相同。信号源方波输出接口通过 BNC 线接到方波输入。正弦波输入和方波输入内部是并联的,可以用示波器通过正弦波输入口测量方波信号。

（2）将三掷开关 S2 拨到"脉冲"。

（3）按图 2-2-4 所示的电路图连接电路,E 选择 0～15 V 直流电源,选择负载 $R_L = 200$ kΩ。

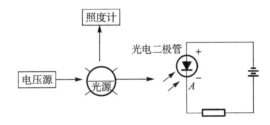

图 2-2-4　光电二极管时间响应特性测试电路

（4）示波器的测试点应为 A 点。

（5）打开电源,白光对应的发光二极管亮,其余的发光二极管不亮。

（6）观察示波器两个通道信号,缓慢调节可调直流电源电位器和光照度调节电位器直到示波器上观察到清晰的信号为止,并记录实验结果(描绘出两个通道波形)。

（7）缓慢调节脉冲宽度调节电位器,增大输入信号的脉冲宽度,观察示波器两个通道信号的变化,记录实验结果(描绘出两个通道的波形)并进行分析。

（8）实验完毕,关闭电源,拆除导线。

【实验数据及结果】

（1）分析光电二极管的光电特性,并画出光电特性曲线。

（2）分析光电二极管的光电特性,并画出伏安特性曲线。

（3）分析光电二极管的光电特性,并画出时间响应特性曲线。

【思考题】

（1）在不同偏压下,光电二极管的光电特性曲线有什么区别? 试根据原理进行分析。

（2）试绘制不同照度下的光电二极管伏安特性曲线，比较它们的异同。

（3）正常工作时，为什么要给光电二极管加反向偏压？

实验 2-3　光电三极管特性测试实验

【实验目的】

（1）掌握光电三极管的工作原理。

（2）掌握光电三极管的基本特性。

（3）掌握光电三极管特性的测试方法。

（4）了解光电三极管的基本应用。

【实验仪器】

光电技术综合实验平台、光通路组件、光电三极管及封装组件、2♯迭插头对、示波器、电压表、照度计等。

【实验原理】

光电三极管与光电二极管的工作原理基本相同，都是基于内光电效应。光电三极管有两个 PN 结，因而可以获得电流增益，比光电二极管具有更高的灵敏度，其结构如图 2-3-1(a) 所示。

当光电三极管按图 2-3-1(b)所示的电路连接时，它的集电结反向偏置，发射结正向偏置，无光照时仅有很小的穿透电流流过，当光线通过透明窗口照射集电结时，和光电二极管的情况相似，流过集电结的反向电流增大，造成基区中带正电荷的空穴的积累，发射区中的多数载流子(电子)将大量注入基区。由于基区很薄，只有一小部分从发射区注入的电子与基区的空穴复合，而大部分电子将穿过基区流向与电源正极相接的集电极，形成集电极电流。这个过程与普通三极管的电流放大过程相似，它使集电极电流是原始光电流的(1+β)倍。这样集电极电流将随入射光照度的改变而更加明显地变化。

在光电二极管的基础上，为了获得内增益，可利用晶体三极管的电流放大作用，用锗或硅单晶体制造 NPN 或 PNP 型光电三极管。

光电三极管可以等效为一个光电二极管与另一个一般晶体管基极和集电极并联：集电极-基极产生的电流，输入到三极管的基极再放大。集电极起双重作用：把光信号变成电信号，起光电二极管作用；使光电流放大，起一般三极管的放大作用。一般光电三极管只引出 E、C 两个电极，体积小，光电特性是非线性的，广泛应用于光电自动控制作光电开关用。

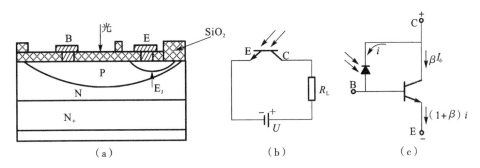

图 2-3-1　光电三极管的结构及等效电路
(a)光敏三极管结构;(b)使用电路;(c)等效电路

【实验内容及步骤】

1. 测量光电三极管的光电流

(1)组装好光通路组件,将照度计与照度计探头输出正负极对应相连(红为正极,黑为负极),将光源驱动及信号处理模块上接口 J2 与光通路组件光源接口使用彩排数据线相连,将光电技术综合实验平台的"+5 V""⊥""−5 V"对应接到光源驱动模块上的"+5 V""GND""−5 V"。

(2)将开关 S2 拨到"静态"。

(3)按图 2-3-2 连接电路,直流电源选用 0~15 V 可调直流电源,$R_L=1$ kΩ,光电三极管 C 极对应接到组件上红色护套插座,E 极对应接到组件上黑色护套插座。

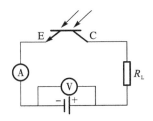

图 2-3-2　光电三极管光电流测试电路示意图

(4)打开电源,缓慢调节光照度调节电位器,直到光照为 300 lx(约为环境光照),缓慢调节可调直流电源电位器到电压表显示为 6 V,读出此时电流表的读数,即为光电三极管在偏压 6 V、光照 300 lx 时的光电流。

(5)实验完毕,将照度调至最小,直流电源调至最小,关闭电源,拆除所有连线。

2. 检验光电三极管的光电特性

实验装置原理框图如图 2-3-2 所示。

(1)组装好光通路组件,具体连接方法与前述光电三极管光电流测试实验的方法相同。

(2)将开关 S2 拨到"静态"。

(3)按图 2-3-2 所示的电路图连接电路,直流电源选用 0~15 V 可调直流电源,选择负载 $R_L=1$ kΩ。

(4)将光照度调节电位器逆时针调节至最小值位置。打开电源,调节可调直流电源电位器,直到电压表显示值为 6 V 左右,顺时针调节光照度调节电位器,增大照度值,分别记下不同照度下对应的光生电流值,填入表 2-3-1。若电流表或照度计显示为"1_",说明超出量程,应改为合适的量程再测试。

表 2-3-1　6 V 偏压光电三极管光电特性

照度/lx	0	100	300	500	700	900
光生电流/mA						

(5)调节可调直流电源电位器至电压表显示为 10 V 左右,重复步骤(4),改变照度值,将测试的电流值填入表 2-3-2。

表 2-3-2　10 V 偏压光电三极管光电特性

照度/lx	0	100	300	500	700	900
光生电流/mA						

(6)实验完毕,将照度调至最小,直流电源调至最小,关闭电源,拆除所有连线。

3. 测试光电三极管的伏安特性

实验装置原理框图如图 2-3-2 所示。

(1)组装好光通路组件,连接方法与前述光电三极管光电流测试实验的连接方法相同。

(2)将开关 S2 拨到"静态"。

(3)按图 2-3-2 所示的电路图连接电路,直流电源选用 0~15 V 可调直流电源,选择负载 $R_L = 2$ kΩ。

(4)调节光照度调节电位器,使照度为 200 lx,保持照度不变,调节可调直流电源电位器,使反向偏压分别为 0、1、2、4、6、8、10、12 V,记录电流表读数,填入表 2-3-3,关闭电源(注意:直流电流不可调至高于 30 V,以免烧坏光电三极管)。

表 2-3-3　200 lx 照度下光电三极管伏安特性测试

偏压/V	0	1	2	4	6	8	10	12
光生电流/mA								

(5)重复上述步骤。分别测量光电三极管在 100 lx 和 500 lx 照度下,不同偏压下的光生电流值,填入表 2-3-4、表 2-3-5。

表 2-3-4　100 lx 照度下光电三极管伏安特性测试

偏压/V	0	1	2	4	6	8	10	12
光生电流/mA								

表 2-3-5　500 lx 照度下光电三极管伏安特性测试

偏压/V	0	1	2	4	6	8	10	12
光生电流/mA								

(6)实验完毕,将照度调至最小,直流电源调至最小,关闭电源,拆除所有连线。

4. 检验光电三极管的时间响应特性

实验装置原理框图如图 2-3-2 所示。

(1)组装好光通路组件,具体连接方法与前述光电三极管光电流测试实验的连接方法相同。

信号源方波输出接口通过 BNC 线接到方波输入。正弦波输入和方波输入内部是并联的,可以用示波器通过正弦波输入口测量方波信号。

(2)将开关 S2 拨到"脉冲"。

(3)按图 2-3-2 所示的电路图连接电路,直流电源选用 $0\sim15$ V 可调直流电源,选择负载 $R_L=1$ kΩ。

(4)为了测试方便,示波器的测试点应为光电三极管的 CE 两端。

(5)打开电源,白光对应的发光二极管亮,其余的发光二极管不亮。

(6)观察示波器两个通道信号,缓慢调节可调直流电源电位器和光照度调节电位器直到示波器上观察到清晰的信号为止,并记录实验结果(描绘出两个通道波形)。

(7)缓慢调节脉冲宽度调节电位器,增大输入信号的脉冲宽度,观察示波器两个通道信号的变化,记录实验结果(描绘出两个通道的波形)并进行分析。

(8)实验完毕,关闭电源,拆除导线。

【实验数据及结果】

(1)分析光电三极管的光电特性,根据表 2-3-1、表 2-3-2 的数据画出光电特性曲线并分析。

(2)分析光电三极管的光电特性,画出伏安特性曲线。

(3)分析光电三极管的光电特性,并画出时间响应特性曲线。

【思考题】

(1)在不同偏压下,光电三极管的光电特性曲线有什么区别?

(2)试绘制不同照度下的光电三极管伏安特性曲线,比较它们的异同。

实验 2-4　硅光电池特性测试实验

【实验目的】

(1)掌握硅光电池的工作原理。

(2)掌握硅光电池的基本特性。

(3)掌握硅光电池基本特性的测试方法。

(4)了解硅光电池的基本应用。

【实验仪器】

光电技术综合实验平台、光通路组件、硅光电池及封装组件、2#迭插头对、示波器。

【实验原理】

1.硅光电池的基本结构

目前半导体光电探测器在数码摄像、光通信、太阳能电池等领域得到了广泛应用。硅光电池是半导体光电探测器的一个基本单元,深刻理解其工作原理和具体使用方法可以进一步领会半导体 PN 结原理、光电效应产生机理。

图 2-4-1 所示是半导体 PN 结在零偏、反偏和正偏下的耗尽区。当 P 型和 N 型半导体材料结合时,由于 P 型材料空穴多电子少,而 N 型材料电子多、空穴少,P 型材料中的空穴向 N 型材料扩散,N 型材料中的电子向 P 型材料扩散,扩散的结果使得结合区两侧的 P 型区带负电荷,N 型区带正电荷,形成一个势垒。由此产生的内电场将阻止扩散运动的继续进行,当两者达到平衡时,在 PN 结两侧形成一个耗尽区,耗尽区的特点是无自由载流子,呈现高阻抗。当 PN 结反偏时,外加电场与内电场方向一致,耗尽区在外电场作用下变宽,使势垒加强;当 PN 结正偏时,外加电场与内电场方向相反,耗尽区在外电场作用下变窄,势垒削弱,载流子继续扩散形成电流。此即为 PN 结的单向导电性,电流方向是从 P 指向 N。

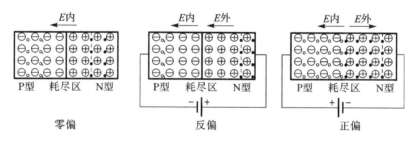

图 2-4-1　半导体 PN 结在零偏、反偏和正偏下的耗尽区

2.硅光电池的工作原理

硅光电池是一个大面积的光电二极管,它被设计用于把入射到它表面的光能转化为电能,因此,可用作光电探测器和光电池,被广泛用于太空和野外便携式仪器等的能源。

光电池的基本结构如图 2-4-2 所示。当半导体 PN 结处于零偏或反偏时,在它们的结合面耗尽区存在一内电场,当有光照时,入射光子将处于价带中的束缚电子激发到导带,激发出的电子-空穴对在内电场作用下分别漂移到 N 型区和 P 型区。

当在 PN 结两端加负载时就有光生电流流过负载。流过 PN 结两端的电流为

$$I = I_p - I_s(e^{\frac{eU}{kT}} - 1) \qquad (2\text{-}4\text{-}1)$$

式中:I_s 为饱和电流;U 为 PN 结两端电压;T 为绝对温度;I_p 为产生的光生电流。

从式(2-4-1)可以看到,当光电池处于零偏状态时,$U=0$,流过 PN 结的电流 $I=I_p$;当光

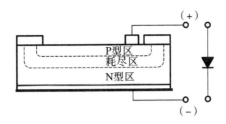

图 2-4-2　光电池结构示意图

电池处于反偏状态时(在本实验中取 $U = -5\text{V}$),流过 PN 结的电流 $I = I_p - I_s$。因此,当光电池用作光电转换器时,光电池必须处于零偏或反偏状态。光电池处于零偏或反偏状态时,产生的光电流 I_p 与输入光功率 P_i 有以下关系:

$$I_p = RP_i \tag{2-4-2}$$

式中:R 为响应率,随入射光波长的不同而变化。不同材料制作的光电池 R 值分别在短波长和长波长处存在一截止波长,在长波长处要求入射光子的能量大于材料的能级间隙 E_g,以保证处于价带中的束缚电子得到足够的能量被激发到导带。对于硅光电池,其长波截止波长为 $\lambda_c = 1.1\ \mu\text{m}$,在短波长处,由于材料有较大吸收系数,$R$ 值很小。

3.硅光电池的基本特性

1)短路电流

如图 2-4-3 所示,不同的光照作用下,电流表若显示不同的电流值,则硅光电池短路时的电流值也不同,此即为硅光电池的短路电流特性。

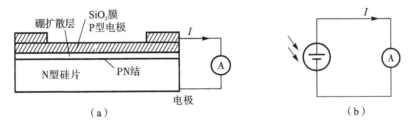

图 2-4-3　硅光电池短路电流测试

2)开路电压

如图 2-4-4 所示,不同的光照作用下,电压表若显示不同的电压值,则硅光电池开路时的电压也不同,此即为硅光电池的开路电压特性。

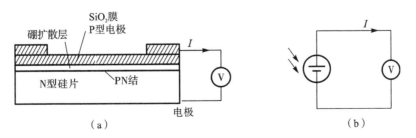

图 2-4-4　硅光电池开路电压测试

3）光电特性

光电池在不同照度下，其光生电流和光生电压是不同的，它们之间的关系就是光电特性。如图 2-4-5 所示为硅光电池光生电流和光生电压与照度的特性曲线。在不同的偏压作用下，硅光电池的光电特性也有所不同。

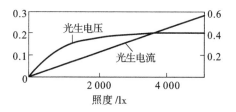

图 2-4-5　硅光电池的光照电流电压特性

4）伏安特性

如图 2-4-6 所示，硅电池输入光强度不变，负载在一定的范围内变化时，光电池的光生电压及光生电流随负载电阻的变化关系称为硅光电池的伏安特性。

检测电路如图 2-4-7 所示。

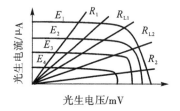

图 2-4-6　硅光电池伏安特性

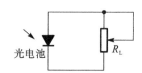

图 2-4-7　硅光电池的伏安特性测试

5）负载特性（输出特性）

光电池可作为电池使用，如图 2-4-8 所示。在内电场作用下，入射光子由于光电效应把处于价带中的束缚电子激发到导带，产生光伏电压，在光电池两端加一个负载就会有电流流过。当负载很大时，电流较小而电压较大；当负载很小时，电流较大而电压较小。实验时可改变负载电阻 R_L 的值来测定光电池的负载特性。其负载特性测试的电路如图 2-4-8 所示。

在线性测量中，光电池通常以电流形式使用，故短路电流与照度呈线性关系，这是光电池的光电特性。光电池实际使用时都接有负载电阻 R_L，输出电流 I_L 随照度的增加而非线性缓慢地增加，并且随负载 R_L 的增大，其线性范围也越来越小。因此，在要求输出的电流与照度呈线性关系时，负载电阻在条件许可的情况下越小越好，并限制在光照范围内使用。光电池光照与负载特性曲线如图 2-4-9 所示。

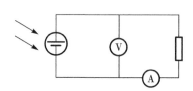

图 2-4-8　硅光电池负载特性的测定

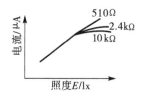

图 2-4-9　硅光电池光照与负载特性曲线

6）光谱特性

光电池的光谱响应特性指在入射光能量保持一定的条件下，光电池的光生电流、光生电压与入射光波长之间的关系。

7）时间响应特性与频率特性

光电探测器的时间响应：当光入射到探测器上时，产生的电信号达到稳定值需要一定的时间；停止光照时，信号完全消失也需要一定的时间。信号产生和消失的滞后称为探测器的惯性，通常用响应时间（或时间常数）来表示惯性的大小。

由于探测器存在惯性，当用一定振幅的正弦调制光照射探测器时，灵敏度随频率升高而降低，探测器的响应与入射光频率的关系称为频率特性。

【实验内容及步骤】

1. 检测硅光电池的短路电流

短路电流特性测试框图如图 2-4-10 所示。

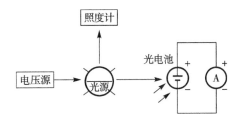

图 2-4-10　硅光电池短路电流特性测试框图

（1）组装好光通路组件，将照度计与照度计探头输出正负极对应相连（红为正极，黑为负极），将光源驱动及信号处理模块上的接口 J2 与光通路组件光源接口使用彩排数据线相连，将光电技术综合实验平台的"＋5 V""⊥""－5 V"对应接到光源驱动模块上的"＋5 V""GND""－5 V"。

（2）将开关 S2 拨到"静态"。

（3）按图 2-4-10 所示的电路连接电路图。

（4）打开电源，顺时针调节光照度调节电位器，使照度依次为 0、100、200、300、400、500、600 lx，分别读出电流表读数，填入表 2-4-1，所测得的电流值即为硅光电池在相应照度下的短路电流。

表 2-4-1　硅光电池的短路电流测试

照度/lx	0	100	200	300	400	500	600
光生电流/μA							

（5）将光照度调节电位器逆时针调节到最小值位置，关闭电源，拆除所有连线。

2. 检验硅光电池的开路电压

开路电压特性测试框图如图 2-4-11 所示。

（1）组装好光通路组件，具体连接方法与前述硅光电池短路电流特性测试实验的方法

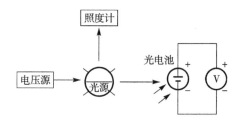

图 2-4-11　硅光电池开路电压特性测试框图

相同。

(2)将开关 S2 拨到"静态"。

(3)按图 2-4-11 所示的电路图连接电路。

(4)打开电源,顺时针调节光照度调节电位器,使照度依次为 0、100、200、300、400、500、600 lx,分别读出电压表读数,填入表 2-4-2,所测得的电压值即为硅光电池在相应照度下的开路电压。

表 2-4-2　硅光电池开路电压测试

照度/lx	0	100	200	300	400	500	600
光生电压/mV							

(5)将光照度调节电位器逆时针调节到最小值位置,关闭电源,拆除所有连线。

3.验证硅光电池的光电特性

根据表 2-4-1 和表 2-4-2 所测试的实验数据,绘制硅光电池的光电特性曲线,并进行对比分析。

4.验证硅光电池的伏安特性

伏安特性测试框图如图 2-4-12 所示。

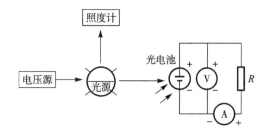

图 2-4-12　硅光电池伏安特性测试框图

(1)组装好光通路组件,具体连接方法与前述硅光电池短路电流特性测试实验的方法相同。

(2)将开关 S2 拨到"静态"。

(3)电压表挡位调节至 2 V 挡,电流表挡位调至 200 μA 挡,将光照度调节电位器逆时针调节至最小值位置。

(4)按图 2-4-12 所示的电路连接电路,打开电源,顺时针调节光照度调节电位器,增大照度至 500 lx，R 值分别取为 200 Ω、510 Ω、750 Ω、1 kΩ、2 kΩ、5.1 kΩ、7.5 kΩ、10 kΩ、20 kΩ，记录下此时的电压表和电流表的读数，填入表 2-4-3。

表 2-4-3　500 lx 对应的伏安特性

电阻/Ω	200	510	750	1 k	2 k	5.1 k	7.5 k	10 k	20 k
电流/μA									
电压/mV									

（5）调节照度分别为 300 lx、100 lx，重复上述步骤，将实验结果填入表 2-4-4、表 2-4-5。

表 2-4-4　照度 300 lx 对应的伏安特性

电阻/Ω	200	510	750	1 k	2 k	5.1 k	7.5 k	10 k	20 k
电流/μA									
电压/mV									

表 2-4-5　照度 100 lx 对应的伏安特性

电阻/Ω	200	510	750	1 k	2 k	5.1 k	7.5 k	10 k	20 k
电流/μA									
电压/mV									

（6）根据上述实验数据，在同一坐标轴中绘出三种不同条件下的伏安特性曲线，并进行分析。

（7）实验完毕，关闭电源，拆除所有连线。

5. 检验硅光电池的负载特性

（1）组装好光通路组件，具体连接方法与前述硅光电池短路电流特性测试实验的方法相同。

（2）将开关 S2 拨到"静态"。

（3）电压表挡位调节至 2 V 挡，电流表挡位调至 200 μA 挡，将光照度调节电位器逆时针调节至最小值位置。

（4）按图 2-4-12 所示的电路图连接电路，R 取值为 $R = 100$ Ω。

（5）打开电源，顺时针调节光照度调节电位器，从 0 lx 逐渐增大照度至 100、200、300、400、500、600 lx 分别记录电流表和电压表读数，填入表 2-4-6。

表 2-4-6　$R = 100$ Ω 时负载特性测试

照度/lx	0	100	200	300	400	500	600
电流/μA							
电压/mV							

（6）关闭电源，将 R 分别换为 510 Ω、1 kΩ、5.1 kΩ、10 kΩ，重复上述步骤，分别记录电流表和电压表的读数，依次填入表 2-4-7 至表 2-4-10 中。

表 2-4-7　$R=510\ \Omega$ 时负载特性测试

照度/lx	0	100	200	300	400	500	600
电流/μA							
电压/mV							

表 2-4-8　$R=1\ \mathrm{k}\Omega$ 负载特性测试

照度/lx	0	100	200	300	400	500	600
电流/μA							
电压/mV							

表 2-4-9　$R=5.1\ \mathrm{k}\Omega$ 负载特性测试

照度/lx	0	100	200	300	400	500	600
电流/μA							
电压/mV							

表 2-4-10　$R=10\ \mathrm{k}\Omega$ 负载特性测试

照度/lx	0	100	200	300	400	500	600
电流/μA							
电压/mV							

(7)根据上述实验所测得的数据,在同一坐标轴上绘出硅光电池的负载特性曲线,并进行分析。

6. 检验硅光电池的光谱响应特性

不同波长的入射光照到硅光电池上,硅光电池有不同的灵敏度。本实验采用高亮度 LED(白、红、橙、黄、绿、蓝、紫)作为光源,产生 400~630 nm 的离散光谱。

光谱响应度是硅光电池对单色光辐射的响应能力。定义为在波长为 λ 的单位入射辐射功率下,硅光电池输出的信号电压或电流信号。表达式为

$$v(\lambda)=\frac{U(\lambda)}{P(\lambda)}\quad\text{或}\quad i(\lambda)=\frac{I(\lambda)}{P(\lambda)} \tag{2-4-3}$$

式中:$P(\lambda)$ 为波长为 λ 时的入射光功率;$U(\lambda)$ 为硅光电池在入射光功率 $P(\lambda)$ 作用下的输出信号电压;$I(\lambda)$ 则为输出信号电流。

本实验所采用的方法是基准探测器法,在相同光功率的辐射下,有

$$v(\lambda)=\frac{UK}{U_{\mathrm{f}}}f(\lambda) \tag{2-4-4}$$

式中:U_{f} 为基准探测器显示的电压值;K 为基准电压的放大倍数;f 为基准探测器的响应度。在测试过程中,U_{f} 取相同值,则实验测试的响应度大小由 $v(\lambda)=Uf(\lambda)$ 的大小确定。图

2-4-13所示为基准探测器的光谱响应特性曲线。

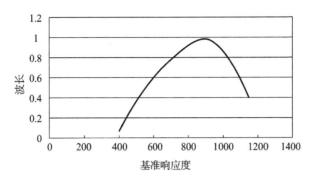

图 2-4-13 基准探测器的光谱响应曲线

（1）组装好光通路组件,具体连接方法与前述硅光电池短路电流特性测试实验的方法相同。

（2）按如图 2-4-11 连接电路图。

（3）打开电源,缓慢调节光照度调节电位器至最大值,通过左切换和右切换开关,将光源输出切换成不同颜色,记录照度计所测数据,并将最小值 E 作为参考值。

（4）分别测试出红光、橙光、黄光、绿光、蓝光、紫光在照度 E 下的电压表的读数,填入表 2-4-11。

表 2-4-11 光谱特性测试

波长/nm	红(630)	橙(605)	黄(585)	绿(520)	蓝(460)	紫(400)
基准响应度	0.65	0.61	0.56	0.42	0.25	0.06
电压/mV						
响应度						

（5）根据测试得到的数据,绘出硅光电池的光谱响应特性曲线。

7. 测试硅光电池的时间响应特性

（1）组装好光通路组件,具体连接方法与前述硅光电池短路电流特性测试实验的方法相同。信号源方波输出接口通过 BNC 线接到方波输入。正弦波输入和方波输入内部是并联的,可以用示波器通过正弦波输入口测量方波信号。

（2）将开关 S2 拨到"脉冲"。

（3）按图 2-4-12 所示的电路图连接电路,选择负载 $R = 10\ \text{k}\Omega$。

（4）示波器的测试点应为硅光电池的输出两端。

（5）打开电源,白光对应的发光二极管亮,其余的发光二极管不亮。

（6）缓慢调节脉冲宽度调节电位器,增大输入的脉冲信号的宽度,观察示波器两个通道信号的变化,并记录实验结果(描绘出两个通道的波形)并进行分析。

（7）实验完毕,关闭电源,拆除连接线。

【实验数据及结果】

(1)将实验测得的数据记录于表中。

(2)根据实验数据,绘出硅光电池的光电特性曲线、伏安特性曲线、光谱响应特性曲线、时间响应曲线,并分析。

【思考题】

(1)能否使用光电探测器件来设计光照度计并说明原因。

(2)硅光电池工作时为什么要加反向偏压?

第3章　光学与光纤通信技术实验

信息光学是光学和信息科学相结合的新的学科分支。信息光学研究以光为载体的信息的获取、信息的变换和处理、信息的传递和传输。它采用线性系统理论、傅里叶分析方法分析各种光学现象,如光的传播、衍射、成像等,其光学传递函数、光学全息和光信息处理、光计算、激光散斑计量等光信息技术已成为最为活跃的研究领域。

光纤通信利用光波作为载波,以光纤作为传输介质实现信息传输,是一种最新的通信技术。光是一种频率极高(3×10^{14} Hz)的电磁波,因此用光作为载波进行通信,传输容量极大,是过去通信方式的千百倍,是通信发展的必然方向。

光纤通信有许多优点。首先它有极宽的频带。目前我国已完成了 10 Gbit/s 的光纤通信系统建设,这意味着在 125 μm 的光纤中可以传输大约 11 万路电话。其次,光纤的传输损耗很小,传统的同轴电缆损耗约在 5 dB/km 以上,站间距离不足 10 km;而 1.55 μm 的光纤中的最低损耗已达到 0.2 dB/km,站间无中继传输可达 100 km 以上。另外,光纤通信还具有抗电磁干扰、抗腐蚀、抗辐射等特点,地球上有取之不尽、用之不竭的光纤原材料——SiO_2。

光纤通信可用于市话中继线、长途干线通信、高质量彩色电视传输、交通监控指挥、光纤局域网、有线电视网和共用天线(CATV)系统。波分复用技术(WDM)的出现,使光纤传输技术向更高的领域发展,实现更高速率、更大容量、更长距离传输。光纤通信将会在光同步数字体系(SDH)、相干光通信、光纤宽带综合业务数字网(B-ISDN)、用户光纤网、ATM 及全光通信方面有进一步发展。

本章着眼于光纤通信的基本理论知识,共十一个实验,通过实验,可加强学生对光纤通信技术基本知识的理解,掌握基本的实验方法、实验技术及应用;熟悉常用光学和电子器件的配置、调整、组合等实验技术,并能对结果进行综合分析和评价;提高用实验方法研究激光问题的能力,将理论与实际相结合,提高综合分析及解决问题能力。

实验 3-1　光拍法测光速

【实验目的】

(1)掌握光拍法测量光速的原理和实验方法,并对声光效应有初步了解。

(2)通过测量光拍的波长和频率来确定光速。

【实验仪器】

· CG-Ⅳ型光速测定仪、示波器和数字频率计各一台。

1.光拍法测光速的电原理图

光拍法测光速的电原理图如图 3-1-1 所示。

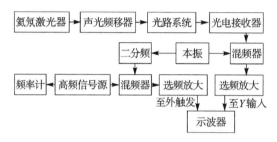

图 3-1-1　光拍法测光速的电原理图

1)发射部分

长 250 mm 的氦氖激光器输出的波长为 632.8 nm、功率大于 1 mW 的激光束射入声光移频器中,同时高频信号源输出的频率为 15 MHz 左右、功率 1 W 左右的正弦信号加在声光频移器的晶体换能器上,在声光介质中产生声驻波,使介质产生相应的疏密变化,形成一相位光栅,出射光具有两种以上的光频,其产生的光拍信号为高频信号的倍频。

2)光电接收和信号处理部分

由光路系统射出的拍频光,经光电接收器接收并转化为频率为光拍频的电信号,输入至混频器。该信号与本机振荡信号混频,经选频放大,输出到示波器的 Y 输入端。与此同时,高频信号源的另一路输出信号与经过二分频后的本振信号混频。选频放大后作为示波器的外触发信号。需要指出的是,如果使用示波器内触发,将不能正确显示两路光波之间的相位差。

3)电源

激光电源采用倍压整流电路,工作电压部分采用大电解电容,使之有一定的电流输出,触发电压采用小容量电容,利用其时间常数小的特性,使该部分电路在有工作负载的情况下形同短路,结构简单有效。±12 V 电源采用三端固定集成稳压器件,负载电流大于 300 mA,供给光电接收器和信号处理部分以及高频信号源。±12 V 降压调节处理后供给斩光器的小电动机。

2.光拍法测光速的光路

图 3-1-2 所示为光速测量仪的结构和光路图。实验中,用斩光器依次切断远程光路和近程光路,在示波器屏上依次交替显示两光路的光拍频信号正弦波形。但由于视觉暂留,能"同时"看到它们的信号。调节两路光的光程差,当光程差恰好等于一个拍频波长 $\Delta\lambda$ 时,两正弦波的相位差恰为 2π,波形第一次完全重合,从而

$$c = \Delta\lambda \cdot \Delta f = L \cdot (2f)$$

由光路测得 L,用频率计测得高频信号源的输出频率 f,即可得出空气中的光速 c。因

为实验中的拍频波长约为 1 m,为了使装置紧凑,远程光路采用折叠式。实验中用圆孔光阑取出第 0 级衍射光产生光拍频波,将其他级衍射光滤掉。

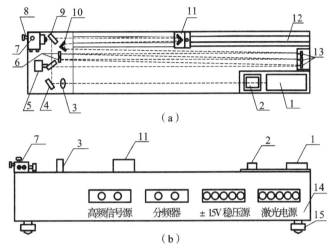

图 3-1-2　CG-Ⅳ型光速测量仪的结构和光路图

1—氦氖激光器;2—声光频移器;3—光阑;4—全反镜;5—斩光器;6—反光镜;7—光电接收器盒;

8—调节装置;9—半反镜;10—反射镜组;11—正交反射镜组;12—导轨;13—反光镜;

14—机箱;15—调节螺栓

【实验原理】

1. 光拍的形成及其特征

根据振动叠加原理,频差较小、速度相同的两列同向传播的简谐波叠加即形成拍。若有振幅均为 E_0、圆频率分别为 ω_1 和 ω_2(频差 $\Delta\omega = \omega_1 - \omega_2$ 较小)的两列光波:

$$E_1 = E_0 \cos(\omega_1 t - k_1 x + \varphi_1) \qquad (3\text{-}1\text{-}1)$$

$$E_2 = E_0 \cos(\omega_2 t - k_2 x + \varphi_2) \qquad (3\text{-}1\text{-}2)$$

式中:$k_1 = 2\pi/\lambda_1$,$k_2 = 2\pi/\lambda_2$,为波数;φ_1 和 φ_2 为初相位。若这两列光波的偏振方向相同,则叠加后的合成波为

$$E = E_1 + E_2 = 2E_0 \cos\left[\frac{\omega_1 - \omega_2}{2}\left(t - \frac{x}{c}\right) + \frac{\varphi_1 - \varphi_2}{2}\right] \times \cos\left[\frac{\omega_1 + \omega_2}{2}\left(t - \frac{x}{c}\right) + \frac{\varphi_1 + \varphi_2}{2}\right]$$

$$(3\text{-}1\text{-}3)$$

叠加后的合成波为光拍频波,拍频为 Δf,$\Lambda = \Delta\lambda = \dfrac{c}{\Delta f}$ 为光拍频波的波长。式(3-1-3)表示的光拍频波是沿 x 轴方向的前进波,其圆频率为 $(\omega_1 + \omega_2)/2$,振幅为 $2E_0 \cos\left[\dfrac{\Delta\omega}{2}\left(t - \dfrac{x}{c}\right) + \dfrac{\varphi_1 - \varphi_2}{2}\right]$。

2. 光拍信号的检测

用光电接收器(如光电倍增管等)接收光拍频波,可把光拍信号转变为电信号。因为光电接收器光敏面上光照反应所产生的光电流与光强(即电场强度的平方)呈正比,即

$$i_0 = gE^2 \tag{3-1-4}$$

式中：g 为光电接收器的光电转换常数。

光波的频率 $f_0 > 10^{14}$ Hz，光电接收器的光敏面响应频率一般 $\leqslant 10^9$ Hz。因此光电接收器所产生的光电流是在响应时间 $\tau \left(\dfrac{1}{f_0} < \tau < \dfrac{1}{\Delta f} \right)$ 内的平均值。

$$\bar{i}_0 = \frac{1}{\tau} \int_\tau i_0 \, \mathrm{d}t = gE^2 \left\{ 1 + \cos \left[\Delta \omega \left(t - \frac{x}{c} \right) + \Delta \varphi \right] \right\} \tag{3-1-5}$$

式(3-1-5)中高频项为零，常数项和缓变项不为零，缓变项即光拍频波信号，$\Delta \omega$ 是与拍频 Δf 相应的角频率，$\Delta \varphi = \varphi_1 - \varphi_2$ 为初相位。

可见光电接收器输出的光电流包含直流和光拍信号两种成分。滤去直流成分，光电接收器输出频率为拍频 Δf、初相位 $\Delta \varphi = \varphi_1 - \varphi_2$、相位与空间位置有关的光拍信号（见图 3-1-3）。

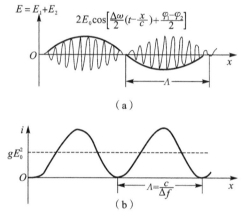

图 3-1-3　光拍频波场任一时刻的空间分布

3. 光拍的获得

为产生光拍频波，要求相叠加的两光波具有一定的频差。这可通过声波与光波相互作用产生声光效应来实现。介质中的超声波能使介质内部产生应变，引起介质折射率的周期性变化，使介质成为一个相位光栅。当入射光通过该介质时发生衍射，其衍射光的频率与声频有关。这就是所谓的声光效应。本实验是用超声波在声光介质中与氦氖激光束产生声光效应来实现的。

具体方法有两种。

一种是行波法。如图 3-1-4(a)所示，在声光介质与声源（压电换能器）相对的端面敷以吸声材料，防止声反射，以保证只有声行波通过介质；当激光束通过相当于相位光栅的介质时，激光束产生对称多级衍射和频移，第 L 级衍射光的圆频率为

$$\omega_L = \omega_0 + L\omega$$

式中：ω_0 是入射光的圆频率，ω 为超声波的圆频率，$L = 0, \pm 1, \pm 2, \cdots$，为衍射级。利用适当的光路使 0 级与 +1 级衍射光汇合起来，沿同一条路径传播，即可产生频差为 ω 的光拍频波。

另一种是驻波法。如图 3-1-4(b)所示，在声光介质与声源相对的端面敷以声反射材

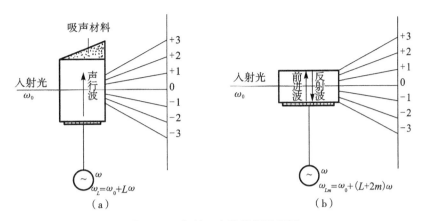

图 3-1-4 相拍二光波获得示意图

料,以增强声反射。沿超声传播方向,当介质的厚度恰为超声半波长的整数倍时,前进波与反射波在介质中形成驻波超声场。这样的介质也是一个超声相位光栅,激光束通过时也要发生衍射,且衍射效率比行波法的要高。第 L 级衍射光的圆频率为

$$\omega_{Lm} = \omega_0 + (L+2m)\omega \tag{3-1-6}$$

若超声波功率信号源的频率为 $f = \omega/2\pi$,则第 L 级衍射光的频率为

$$f_{Lm} = f_0 + (L+2m)f \tag{3-1-7}$$

式中:L、$m = 0, \pm 1, \pm 2, \cdots$。可见,除不同衍射级的光波产生频移外,在同一级衍射光内也有不同频率的光波。因此,用同一级衍射光就可获得不同的光拍频波;例如,选取第 1 级(或 0 级),由 $m=0$ 和 $m=-1$ 的两种频率成分叠加,可得到拍频为 $2f$ 的光拍频波。

本实验即采用驻波法。驻波法衍射效率高,并且不需要特殊的光路使两级衍射光沿同向传播,在同一级衍射光中即可获得光拍频波。

4. 光速 c 的测量

通过实验装置获得两束光拍信号,在示波器上对两光拍信号的相位进行比较,测出两光拍信号的光程差及相应光拍信号的频率,从而间接测出光速。假设两束光的光程差为 L,对应的光拍信号的相位差为 $\Delta\varphi = \varphi_1 - \varphi_2$,当两光拍信号的相位差为 2π 时,即光程差为光拍波的波长 $\Delta\lambda$ 时,示波器屏上的两光束的波形就会完全重合。由公式 $c = \Delta\lambda \cdot \Delta f = L \cdot (2f)$ 便可测得光速 c,式中 L 为光程差,f 为高频信号源的输出频率。

【实验内容及步骤】

(1)调节光速测量仪底脚螺丝,使仪器处于水平状态。

(2)正确连接线路,使示波器处于外触发工作状态,接通氦氖激光器电源,调节电流至 5 mA,接通 15 V 直流稳压电源,预热 15 min 后,其即处于稳定工作状态。

(3)使激光束水平通过通光孔与声光介质中的驻声场充分互相作用,调节高频信号源的输出频率(15 MHz 左右),使其产生 2 级以上最强衍射光斑。

(4)光阑高度与光路反射镜中心等高,使 0 级衍射光通过光阑入射到相邻反射镜的中心(如已调好不用再调)。

（5）用斩光器挡住远程光,调节全反镜和半反镜,使近程光沿光电二极管前透镜的光轴入射到光电二极管的光敏面上,打开光电接收器盒上的窗口观察激光是否进入光敏面,这时示波器上应有与近程光束相应的经分频的光拍波形出现。

（6）用斩光器挡住近程光,调节半反镜、全反镜和正交反射镜组,使远程光经半反镜沿与近程光相同的路线入射到光电二极管的光敏面上,这时示波器屏上应有与远程光束相应的经分频的光拍波形出现,(5)、(6)两步应反复调节,直到达到要求为止。

（7）在光电接收盒上有两个旋钮,调节这两个旋钮改变光电二极管的方位,使示波器屏上显示的两个波形振幅最大且相等,如果它们的振幅不等,再调节光电二极管前的透镜,改变入射到光敏面上的光强大小,使近程光束和远程光束的振幅相等。

（8）缓慢移动导轨上装有正交反射镜组的滑块,改变远程光束的光程,使示波器中两束光的波形完全重合(相位差为2π),此时两路光的光程差等于拍频波长 $\Delta\lambda$。

【实验数据及结果】

记下频率计上的读数 f,实验中应随时注意观察 f(5 位有效数字),如发生变化,应立即调节声光功率源面板上的"频率"旋钮,保持 f 在整个实验过程中的稳定。

先将棱镜小车 A(正交反射镜组的滑块)定位于导轨 A 刻度尺初始处(比如 5 mm 处),这个起始值记为 $D_A(0)$,从导轨 B 最左端开始拉动棱镜小车 B(正交反射镜组的滑块),当示波器上的两个波形完全重合时,记下棱镜小车 B 在导轨 B 上的读数,记为 $D_B(0)$,重复试验 5 次。

将棱镜小车 A 逐步向右拉,定位于导轨 A 右端某处(比如 535 mm 处,这是为了计算方便),这个值记为 $D_A(2\pi)$,再将棱镜小车 B 向右拉动,当示波器上的两个波形再次完全重合时,记下棱镜小车 B 在导轨 B 上的读数,记为 $D_B(2\pi)$,重复试验 5 次。将上述各值填入表 3-1-1,计算出光速 c。

表 3-1-1　实验 3-1 数据记录表

次数	$D_A(0)$ /mm	$D_A(2\pi)$ /mm	$D_B(0)$ /mm	$D_B(2\pi)$ /mm	f/MHz	$c=2\times f\times\{2\times[D_B(2\pi)-D_B(0)]+2\times[D_A(2\pi)-D_A(0)]\}$/(m/s)	误差/(%)
1							
2							
3							
4							
5							

注:光在真空中的传播速度为 2.99792×10^8 m/s。

【注意事项】

（1）实验过程中要注意眼睛的防护,绝对禁止用眼睛直视激光束。

（2）切勿用手或其他污物接触光学表面。

【思考题】

(1)什么是光拍频波?

(2)斩光器的作用是什么?

(3)分析本实验的主要误差来源,并讨论提高测量精确度的方法。

实验 3-2　白光再现全息照相

全息的意义是记录物光波的全部信息,自从 20 世纪 60 年代激光出现以来全息得到了全面的发展和广泛的应用。它包含全息照相和全息干涉计量两大内容。

全息照相的种类很多,有同轴全息图、离轴全息图、菲涅尔全息图和傅里叶变换全息图、反射式体积全息图等。

【实验目的】

(1)了解全息照相的原理及特点。

(2)掌握反射全息的照相方法,学会制作物体的白光再现反射全息图。

【实验仪器】

半导体激光器、曝光定时器、反射镜组件、透镜组件、全息干板、全息照相物体、光学平台光致聚合物全息干板。

【实验原理】

1948 年,伽柏(D. Gabor)提出了一种照相的全息术。他在实验中让单色光的一部分照明物体,另一部分直射照相底片,在底片上与物体的散射光发生干涉。底片显影后,就成为“全息图”,然后再用单色光照射它,实现了“波前再现”。1960 年,相干性良好的高亮度光源激光器发明之后,1962 年,利思(E. N. Leith)和厄帕特奈克斯(J. Upatnieks)又提出了离轴全息术,之后,全息术有了快速的发展和多方面的应用。

从物体上反射和衍射的光波,携带振幅和相位信息,只有通过干涉条纹的形式才能被间接地全面记录和复原。这种可逆过程决定了全息照相必须分两步完成。第一步是全息记录,用全息感光底片记录物光束和参考光束的干涉条纹;第二步是物光波前的再现,即用再现照明光以一定角度照射全息图,通过全息图的衍射,重现物光波前,看到立体像。

1. 波前的全息记录

设传播到记录介质上的物光波前为

$$O(x,y)=O_0(x,y)\exp[-j\phi(x,y)] \tag{3-2-1}$$

传播到记录介质上的参考光波前为

$$R(x,y)=R_0(x,y)\exp[-j\psi(x,y)] \tag{3-2-2}$$

则被记录的总光强为

$$I(x,y)=|O(x,y)+R(x,y)|^2 \tag{3-2-3}$$

将式(3-2-1)和式(3-2-2)代入式(3-2-3),得

$$I(x,y)=|O(x,y)|^2+|R(x,y)|^2+R(x,y)O^*(x,y)+R^*(x,y)O(x,y)$$

$$\tag{3-2-4a}$$

或者

$$I(x,y)=|O(x,y)|^2+|R(x,y)|^2+2R_0(x,y)O_0(x,y)\cos[\psi(x,y)-\phi(x,y)]$$

$$\tag{3-2-4b}$$

记录介质全息干板经过曝光、显影、定影、冲洗、干燥后,就做成了全息图。控制好曝光量和显影条件,可以使全息图的振幅透过率 t 与曝光量 E(正比于光强 I)呈线性关系(见图3-2-1)。

假定全息干板具有足够高的分辨率,能记录全部入射物光的空间结构,则全息图的振幅透过率可记为

$$t(x,y)=t_0+\beta E=t_0+\beta[\tau I(x,y)]=t_0+\beta' I(x,y)$$

式中:t_0 和 β 均为常数,β' 为曝光时间 τ 和 β 的乘积。假定参考光的强度在整个记录表面是均匀的,则

$$t(x,y)=t_0+\beta'[|R(x,y)|^2+|O(x,y)|^2+R^*(x,y)O(x,y)+R(x,y)O^*(x,y)]$$

$$=t_b+\beta'[O(x,y)O^*(x,y)+R^*(x,y)O(x,y)+R(x,y)O^*(x,y)] \tag{3-2-5}$$

式中:$t_b=t_0+\beta'|R(x,y)|^2$ 表示均匀偏置透过率,对于负片和正片,β' 分别为负值和正值。

2. 物光波前的再现

如果保持参考光不动,让它照射制作完成又复位到干板架上的全息图,光波通过全息图上记录的复杂形状的干涉条纹,就等于通过一块复杂结构的光栅,发生衍射现象。衍射光波包含了原来形成全息图时的物光波,因此,迎着物光方向观察时,就能看到物的再现像,它是一个虚像,恰好在原物位置,具有全面的视差特性,因此无论是否撤走原物,其与原物看起来是一样的。直射的光束称为晕轮光。另有一个实像,称共轭像,可用白屏接收(见图3-2-2)。

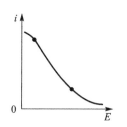

图 3-2-1 全息图振幅透过率与曝光量的关系曲线

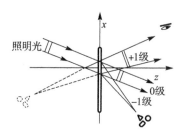

图 3-2-2 波前再现

上述再现照明光照到全息图上,透射光的复振幅分布为

$$
\begin{aligned}
U(x,y) &= C(x,y)t(x,y) \\
&= t_b C(x,y) + \beta' O(x,y) O^*(x,y) C(x,y) + \beta' R^*(x,y) C(x,y) O(x,y) \\
&\quad + \beta' R(x,y) C(x,y) O^*(x,y) \\
&= U_1 + U_2 + U_3 + U_4
\end{aligned}
\tag{3-2-6}
$$

式(3-2-6)对应的是 3 束透射光:$U_1 + U_2$ 是 0 级衍射,它不含物光的相位信息,代表有衰减的照明光波前;U_3 是 +1 级衍射,相当于物光波前乘以一个系数,成为再现的物光波前,看见它就跟看见实物一样;U_4 是 −1 级衍射,包括物光的共轭波前。物光共轭波波面的曲率和物光波相反。

全息照相所需参考光既可用平面波,也常用球面波。若使用球面波做参考光,重现时的 −1 级衍射有可能不成实像,而是成虚像。如果再现照明光与原参考光方向相反(见图3-2-3),也会出现 3 个方向的衍射光,此时实像出现的角度会有些偏移。

全息照相与普通照相的主要区别在于:

(1)全息照相能够把物光波的全部信息记录下来,而普通照相只能记录物光波的强度;

(2)全息照片上每一部分都包含了被摄物体上每一点的光波信息,所以它具有可分割性,即全息照片的每一部分都能再现出物体的完整的图像;

(3)在同一张全息底片上,可以记录采用不同的角度多次拍摄的不同的物体的信息,再现时,在不同的衍射方向上能够互不干扰地观察到每个物体的立体图像。

反射式全息照相实验光路装置如图 3-2-4 所示。

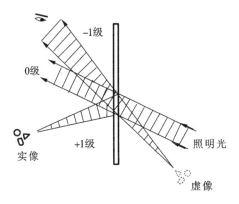

图 3-2-3　波前再现光路

图 3-2-4　反射式全息实验光路装置图

【实验内容及步骤】

(1)首先熟悉本实验所用仪器和光学元件。打开激光器电源,按反射式全息光路图3-2-4摆放好各元件的位置。

(2)调节光束,使其与台面平行,使光均匀照射且光强适中,照射范围稍大于物体的大小。

(3)调整物体,使之与干板(屏)平行,并靠近干板(屏),使激光束照在物体的中心。

(4)装好干板,稳定 2 min。

(5)按物体反光强弱及光源功率大小选择适当的曝光时间。

(6)按动快门,使干板曝光。

(7)将曝光后的干板进行处理。

(8)观察白光再现图像并记录。

【实验数据及结果】

(1)处理曝光后的干板,使之再现像。

(2)再现像保存:在灯光下选择合适方位用手机拍摄再现像并彩色打印出来,粘贴到实验报告数据记录处。

【注意事项】

(1)保持透镜与反射镜干净、无污染。

(2)实验过程中,要轻放干板。

(3)实验过程中,不要接触实验台,避免实验台震动,影响实验效果。

【思考题】

(1)全息照相与普通照相有哪些不同? 全息图的主要特点是什么?

(2)为什么反射式全息图可以用白光来再现?

实验 3-3　阿贝成像原理与空间滤波

信息光学是光学领域的一个重要分支,它利用傅里叶分析的数学方法来解决光学问题。光学中可以利用傅里叶分析的主要原因是光学系统在一定条件下的线性和空间不变性。利用傅里叶变换就可以从频谱的角度来分析图像信息,对应于通信理论的时间频谱,在光学系统中称为空间频谱。改善图像信息的质量或提取图像信息的某种特征可以利用空间滤波的方法。

【实验目的】

(1)通过实验,加深对信息光学中空间频率、空间频谱和空间滤波等概念的理解。

(2)了解阿贝成像原理和透镜孔径对透镜成像分辨率的影响。

【实验仪器】

实验装置如图 3-3-1 所示,另外还需要网格字屏、交叉(二维)光栅、纸屏(夹紧白纸的纸夹架)、可旋转狭缝、透光十字屏、零级滤波器、毫米尺等。

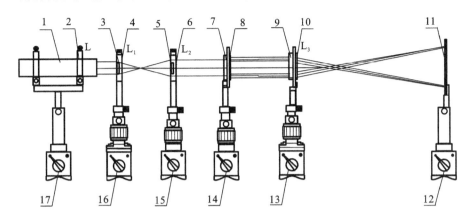

图 3-3-1　阿贝成像原理和空间滤波实验装置简图

1—氦氖激光器 L;2—激光器架(SZ-42);3—扩束器 L$_1$(f'=6.2 mm);4、6—透镜架(SZ-08);

5—准直透镜 L$_2$(f'=190 mm);7—光栅;8—双棱镜调节架 (SZ-41);9—变换透镜 L$_3$(f'=225 mm);

10—旋转透镜架(SZ-06A);11—白屏(SZ-13);12~17—通用底座(SZ-02、SZ-03)

【实验原理】

1.二维傅里叶变换

设空间二维函数为 $g(x,y)$,其二维傅里叶变换为

$$G(f_x,f_y)=\iint_{-\infty}^{+\infty}g(x,y)\exp[-\mathrm{j}2\pi(f_xx+f_yy)]\mathrm{d}x\mathrm{d}y \tag{3-3-1}$$

式中:f_x、f_y 分别是 x、y 方向的空间频率;$g(x,y)$ 是 $G(f_x,f_y)$ 的逆傅里叶变换,即

$$g(x,y)=\iint_{-\infty}^{+\infty}G(f_x,f_y)\exp[\mathrm{j}2\pi(f_xx+f_yy)]\mathrm{d}f_x\mathrm{d}f_y \tag{3-3-2}$$

式(3-3-2)表示任意一个空间函数 $g(x,y)$ 可表示为无穷多个基元函数$\exp[\mathrm{j}2\pi(f_xx+f_yy)]$ 的线性叠加。$G(f_x,f_y)\mathrm{d}f_x\mathrm{d}f_y$ 相应于空间频率为 f_x、f_y 的基元函数的权重。$G(f_x,f_y)$ 表示 $g(x,y)$ 的空间频谱。

根据夫琅禾费衍射理论可知,如果在焦距为 f 的会聚透镜的前焦面上置一振幅透过率为 $g(x,y)$ 的图像,并以波长为 λ 的单色平面波垂直照射图像,则会聚透镜的后焦面(x_f,y_f) 上的复振幅分布就是 $g(x,y)$ 的傅里叶变换 $G(f_x,f_y)$,其中 f_x、f_y 与坐标(x_f,y_f)的关系为

$$f_x=\frac{x_f}{\lambda f},\ f_y=\frac{y_f}{\lambda f} \tag{3-3-3}$$

故(x_f,y_f)面称频谱面。因此,复杂的二维傅里叶变换可以用一透镜实现,即光学傅里叶变换。频谱面上的光强分布就是物的夫琅禾费衍射图。

2.阿贝成像原理

阿贝(E. Abbe)提出的相干光照明下显微镜成像的原理分两步:第一步是通过物的衍射

光在物镜后焦面上形成一个衍射图,阿贝称它为"初级像";第二步是从衍射斑发出的次级波复合为(中间)相干像,可用目镜观察这个像。

　　成像的这两步本质上就是两次傅里叶变换:第一步将物面光场的空间分布 $g(x,y)$ 变成频谱面上的空间频率分布 $G(f_x,f_y)$;第二步是另一次变换,将 $G(f_x,f_y)$ 还原到空间分布 $g(x,y)$。

　　图 3-3-2 所示为成像的这两个过程。设物是一个一维光栅,单色平行光照到光栅上,经衍射分解成沿不同方向的很多束平行光(每束平行光具有一定的空间频率),经过物镜分别聚焦,在后焦面上形成点阵,然后不同空间频率的光束在像面上复合成像。如果这两次傅里叶变换是很理想的,信息没有任何损失,像与物就应完全相似(除去放大因素),成像十分逼真。但由于受透镜孔径限制,总会有些衍射角较大的高次成分(高频信息)不能进入物镜而被舍弃。所以像的信息总是少于物的信息。高频信息主要反映物的细节。如果高频信息受孔径限制不能到达像平面,无论显微镜有多大的放大倍数,也不可能在像面上显示出完全类似于原物的那部分细节。极端的情况是物的结构非常精细,或透镜孔径非常小,只有 0 级衍射(空间频率为 0)能通过,像平面上就不能形成像。

　　3. 空间滤波

　　在阿贝成像原理光路(见图 3-3-2)中,物的信息以频谱的形式再现在物镜的后焦面上,如果改变频谱,必然引起像的变化。空间滤波就是指在频谱面上放置各种模板(吸收板或相移板),以改变图像的信息处理手段。所用的模板称为空间滤波器。最简单的滤波器是一些有规则形状的光阑,如狭缝、小圆孔、圆环或小圆屏等,它使频谱面上的部分频率分量通过,同时挡住其他频率分量。图 3-3-3 所示为此类滤波器中的 3 种。阿贝-波特空间滤波实验是对阿贝成像原理很好的验证和演示(见图 3-3-4)。

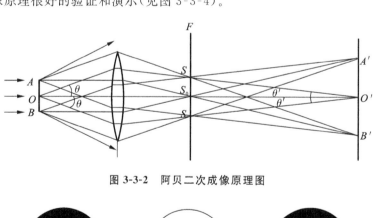

图 3-3-2　阿贝二次成像原理图

低通滤波器　　　　　　高通滤波器　　　　　　带通滤波器

图 3-3-3　各种空间滤波器

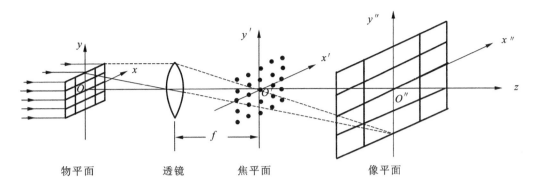

图 3-3-4　阿贝-波特空间滤波光路图

【实验内容及步骤】

1.调节光路

实验的基本光路如图 3-3-5 所示。透镜 L₁ 和 L₂ 组成氦氖激光器的扩束器(相当于倒置的望远镜系统),以获得较大截面的平行光束。L₃ 为成像透镜,像平面可以使用白屏或毛玻璃屏。

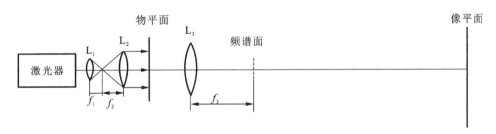

图 3-3-5　阿贝二次成像光路图

调节步骤如下。

(1)调节激光管的俯仰角和转角,使光束平行于光学平台水平面。

(2)加上 L₁ 和 L₂,调节共轴和它们的相对位置,使通过该系统的光束为平行光束(可用直尺检查)。

(3)加上物(带交叉栅格的"光"字)和透镜 L₃,调共轴和 L₃ 位置,在 3~4 m 以外的光屏上找到清晰的像之后,确定物和 L₃ 的位置(此时物在接近 L₃ 的前焦面的位置上)。

2.观测一维光栅的频谱

(1)在物平面上换置一维光栅,使纸屏在 L₃ 的后焦面附近缓慢移动,确定频谱光点最清晰的位置,固定纸屏座。

(2)用大头针尖扎透 0 级和 ±1、±2 级衍射光点的中心,然后关闭激光器,用毫米尺测量各级光点与 0 级衍射光点间的距离 x_f、y_f,利用式(3-3-3)求出相应各空间频率 f_x、f_y。

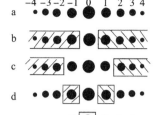

图 3-3-6　频谱图

3.阿贝成像原理实验

移开毫米尺,把纸屏放在频谱面上,按如图 3-3-6 中 b、c、d、e 所示,先后扎穿不同部位,分别观察并记录像面上成像的特点及条纹间距(特别注意 d 和 e 两种条件下成像的差异),试简要分析。

4.方向滤波

(1)将一维光栅换成二维正交光栅,在频谱面观察这种光栅的频谱。从像面上观察它的放大像,并测出栅格间距。

(2)在频谱面上放置一个纸屏,用大头针孔穿不同部位,先后只让含 0 级的垂直、水平和与光轴成 45°的一排光点通过,观察并记录像面上图像的变化,测量像中栅格的间距并简要分析。

5.低通和高通滤波

低通滤波器的作用是只让接近 0 级的低频成分通过而除去高频成分,可用于滤除高频噪声(例如消除照片中的网纹或减轻颗粒影响)。高通滤波器能限制连续色调而强化锐边,有助于观察细节。

1)低通滤波

将一个网格字屏(透明的"光"字内有叠加的网格,如图 3-3-7(a)所示)放在物平面上,从像平面上接收放大像。字内网格可用周期性空间函数表示,它的频谱是规律排列的分立点阵,而字形是非周期性的低频信号,它的频谱是连续的。把一个多孔板放在频谱面上,使圆孔由大变小,直到像面网格消失,字形仍然存在。试简单分析。

2)高通滤波

将一个透光十字屏(见图 3-3-7(b))放在物平面上,从像平面观察放大像。然后在频谱面上置一圆屏光阑,挡住频谱面的中部,再观察和记录像面变化。

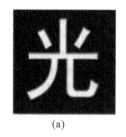 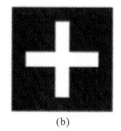

(a)　　　　　　　　　　　　(b)

图 3-3-7　空间滤波器实物图

【实验数据及结果】

(1)测量 0 级至 +1、+2 级或 -1、-2 级衍射级之间的距离 d_1 和 d_2,将数据记录在表 3-3-1 中。

(2)计算 ±1 级和 ±2 级光点的空间频率 ν_1 和 ν_2,并将结果填写在表 3-3-1 中。

$$\nu_1 = \frac{d_1}{\lambda \cdot f_3}, \quad \nu_2 = \frac{d_2}{\lambda \cdot f_3}$$

其中 $\lambda = 632.8$ nm,为所用激光的波长,$f_3 = 225$ mm,为变换透镜焦距。

表 3-3-3　实验 3-3 数据记录表

次数	待测量			
	d_1/mm	d_2/mm	ν_1	ν_2
1				
2				
3				

【思考题】

(1)实验装置如图 3-3-8 所示,图中光栅为一个光栅常数为 d 的一维矩形振幅光栅(透光缝宽为 a,长度为 L),如果要在像方焦平面上挡掉 0 级光斑,圆孔的直径最大和最小值为多少?

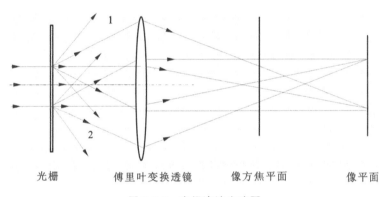

光栅　　　　傅里叶变换透镜　　　　像方焦平面　　　　像平面

图 3-3-8　空间滤波光路图

(2)本实验中均用激光作为光源,有什么优越性? 如以钠光或白炽灯光代替激光,会产生什么问题,应采取什么解决措施?

实验 3-4　θ 调制

【实验目的】

(1)掌握空间滤波的基本原理,理解成像过程中分频与合成的作用。

(2)掌握方向滤波、高通滤波、低通滤波等滤波技术,观察各种滤波器产生的滤波效果,加深对光学信息处理实质的认识。

【实验仪器】

实验装置如图 3-4-1 所示。

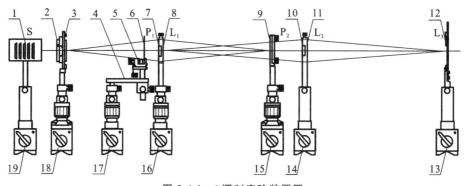

图 3-4-1　θ 调制实验装置图

1—白光源(GY-6);2—旋转透镜架(SZ-06A);3—多孔板(SZ-23A);4—延伸架(SZ-09);5—干板架(SZ-12);

6—θ 调制片 P_1(T-GSZ-A31);7—透镜架(SZ-08);8—透镜 L_1(T-GSZ-A09,$f' = 150$ mm);

9—纸屏 P_2(SZ-50);10—透镜架(SZ-08);11—透镜 L_2(T-GSZ-A11,$f' = 225$ mm);

12—毛玻璃屏 P_3(SZ-49);13—通用底座(SZ-04);14—通用底座(SZ-04);

15—二维平移底座(SZ-02);16—升降调节座(SZ-03);17—升降调节座(SZ-03);

18—二维平移底座(SZ-02);19—通用底座(SZ-04)

【实验原理】

θ 调制是用不同取向的光栅对物平面各部位进行调制,通过特殊滤波器控制像平面相关部位的灰度(用单色光照明)或色彩(用白光照明)的一种调制-滤波方法,也称分光滤波,常用于假彩色编码,其光路原理如图 3-4-2 所示。

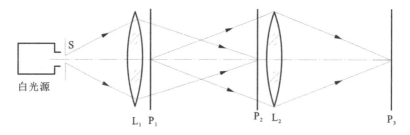

图 3-4-2　θ 调制原理光路图

θ 调制实验是阿贝成像原理的一个巧妙应用。将一个物体用不同的光栅进行编码,制作成 θ 片,如本实验中的城门楼、草地、天空分别由三个不同取向的光栅组成,每两个光栅的取向相差 60°。将 θ 片置于白光照明中,在频谱面上进行适当的空间滤波处理,便可在输出面上得到一个假彩色的像。我们知道,如果在一个透镜的前面放置一块光栅并用一束单色平行光垂直照射它,在透镜的后焦面(即频谱面)上就会形成一串衍射光斑,其方向垂直于光栅的方向。如果有一个二维的图形,其不同部分由取向不同的光栅制成(调制),显而易见,它们的衍射光斑也将有不同的取向,即在透镜的后焦面上,各部分的频谱分布也将不同,如果挡住某一部分的频谱,在频谱面后的这部分图像将会消失,可见,输入图像中各部分的频谱,只存在于调制光栅的频谱点附近。如果用白光照射 θ 片,则在频谱上可得到彩色的频谱斑(色散作用),频谱斑的颜色从外向里按赤、橙、黄、绿、青、蓝、紫的顺序排列,这是由于光栅的衍射角与光波长有关,波长越长,衍射角越大。如果在频谱面上,放置一个空间滤波器,这种滤波器可以让不同方位的光斑串、不同的颜色有选择地通过,就可以得到一幅彩色的像。

　　用白光源照射圆孔光阑 S,用会聚透镜 L_1 使 S 成像于透镜 L_2 前的 P_2 面,物面 P_1 紧靠 L_1,通过透镜 L_2 成像在 P_3 上。光路中的频谱面是光阑 S 的成像面,即 P_2 面。将图 3-4-3(a)所示的物置于图 3-4-2 所示光路中,白光通过物的各部位的光栅,在 P_2 面上形成具有连续色分布的光栅,即频谱。在此面置一纸屏,只要认出各频谱分别属于图案的哪个部位,再按配色在各相应的彩色斑部位扎出针孔,纸屏 P_3 上即可出现预期的彩色图像。这个带孔纸屏就是与物匹配的分色滤波器,如城门楼。所谓 θ 调制是以不同取向的光栅调制物图像上的不同部位,经空间滤波后,像面上各相应部位呈现不同的颜色。方法如下。

　　(1)用全息照相方法制造的一个 θ 调制的图像,即按不同取向的光栅组成的图像如图 3-4-3(a)所示,在此图上,城门楼、草地、天空分别由三个不同取向的光栅组成,每两个光栅的取向相差 $60°$。光路参照图 3-4-2,用溴钨灯作光源,为消除灯丝的影响可用一透镜 L_1 将物成像在屏幕上(当照射光不是平行光时,物的傅氏面就是光源的成像面,在光路中光栅的频谱面就是小孔通过会聚透镜 L_1 后的成像面)。

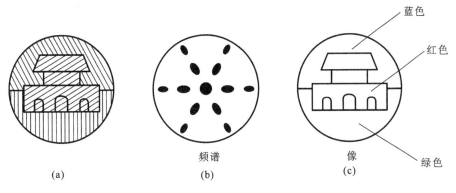

图 3-4-3　θ 调制的图像

(a)物;(b)频谱;(c)像

　　(2)把一黑纸屏放在 L_2 前的傅氏面上,可看到光栅的衍射图形如图 3-4-3(b)所示,三行不同取向的衍射极大值对应不同的光栅,也就是分别对应图像的城门楼、草地、天空。这些衍射极大值除了 0 级没有色散以外,1 级、2 级都有色散。由于波长短的光具有较小的衍射角,1 级衍射中蓝光最靠近 0 级,其次为绿光,而红光衍射角最大。

　　(3)用细针尖在黑纸屏上戳几个小孔,使对应三种取向的光栅能通过三种不同的颜色(如使对应草地的 1 级衍射图上的绿光、对应城门楼的 1 级衍射的红光和对应天空的 1 级衍射的蓝光能透过),这样在后面的屏幕上即呈现三种颜色的图案(如蓝色的天空,红色的房子和绿色的草地)。

【实验内容及步骤】

(1)按图 3-4-1 摆放实验装置,目测调共轴。

(2)使光源 S 与准直透镜 L_1 的距离等于 L_1 的物方焦距,并使平行光束垂直照射紧靠 L_1 放置的倒立 θ 调制片 P_1。

(3)紧靠 L_1 放置倒立 θ 调制片 P_1,暂时移开纸屏 P_2,利用透镜 L_2,在毛玻璃屏 P_3 上获得 P_1 的清晰实像。

(4)使纸屏 P_2 复位,通过微调,使在纸屏上可见清晰的彩色衍射光斑。

(5)先设法判断 θ 调制片上图案各部分的光栅取向及其对应的衍射斑排列方向,再按照图案各部分设定的颜色,用细针尖在纸屏上彩色斑点的相关部位扎孔,在 P_3 屏上即出现彩色图案。实验示例如图 3-4-4 所示。

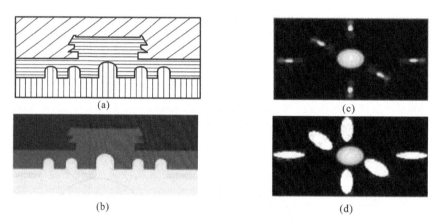

图 3-4-4　θ 调制片假彩色图像

提示:调光路时,应尽量使 P_1 和 L_1 靠近。L_1 的定位不仅是能在 P_2 面上成清晰的光阑像,还要使彩色光斑的颜色适当展开,P_3 面上成像需完整和清晰。

【实验数据及结果】

(1)实验结果如下:

天空:级数=2,颜色为蓝色;

城门楼:级数=1,颜色为红色;

草地:级数=2,颜色为绿色;

(2)将衍射图案拍摄下来并打印粘贴在实验报告上。

【注意事项】

在实验中应用点光源,避免使用面光源,将各种仪器调节共轴,否则三个方向的光栅不能完全显示出来,应调节好光源与聚焦凸透镜的高度,否则在屏上的像不全。

实验 3-5 傅里叶变换测光源的发射光谱

【实验目的】

(1)了解傅里叶变换光谱的基本原理。

(2)学习使用傅里叶变换光谱仪测定光源的辐射光谱,知道简单的谱线分析方法。

【实验仪器】

XGF-1 型傅里叶变换光谱仪实验装置光路图如图 3-5-1 所示。仪器配套实验台,各分部件安装于实验台上,实验台结实平稳,精度满足光学实验的要求。

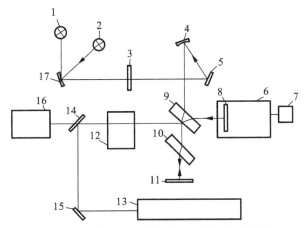

图 3-5-1 傅里叶变换光谱仪实验装置光路图

1—外置光源;2—内置光源(溴钨灯);3—可变光阑;4—M3 目镜;5—M2 平反镜;6—精密平移台;7—慢速电动机;
8—M4 动镜;9—分束板;10—补偿板;11—M5 定镜;12—接收器 1;13—参考光源(氦氖激光器);
14—M8 半透半反镜;15—M7 平反镜;16—接收器 2 ;17—M1 转镜机构

(1)内置光源选用溴钨灯(12 V,30 W),待测光经过准直镜后变成平行光进入干涉仪,从干涉仪出射后成为两束相干光,并有一定的相位差。干涉光经平面镜转向后进入接收器 1。当干涉仪的动镜部分做连续移动,光程差改变时,干涉图的连续变化将被接收器接收,并被记录系统以一定的数据间隔记录下来。另外在零光程附近,操作者可以通过观察窗在接收器 1 的端面上看到白光干涉的彩色斑纹。

(2)系统内置的参考光源为氦氖激光,利用其突出的单色性对其他光源的干涉图进行位移校正,可有效地修正扫描过程中由于电动机速度变化造成的位移误差。

(3)在这套实验装置中留有测量外置光源的功能,外置光源可以由用户自行配置,当使用外置光源时只需将光源转换镜拨至"其他光源"位置后关闭溴钨灯电源即可。

(4)在实际的仪器中,光源都不可能是理想的点光源,为了保证有一定的信号强度,实际上要采用具有必要尺寸的扩展光源,但光源尺寸过大会造成仪器分辨率下降、复原光谱波数偏移等问题。所以使用扩展光源要保证以下三点:①不明显影响仪器分辨率指标;②扩展光源尺寸必须保证光谱的波数偏移值在仪器波数精度允许范围内;③干涉纹的对比度仍能达到良好状态。在此傅里叶变换仪光谱实验装置中,具备一套光阑转换系统,经过严格计算,有 8 挡光阑可供选择。在实验过程中,根据待测光源辐射光的强度选择合适的光阑即可。

【实验原理】

傅里叶变换过程实际上就是调制与解调的过程,通过调制将待测光的高频率调制成可以控制、接收的频率。然后将接收到的信号送到解调器中进行分解,得出待测光中的频率成分及各频率对应的强度值。

调制方程:
$$I(x) = \int_{-\infty}^{+\infty} I(\sigma)\cos 2\pi\sigma x \, \mathrm{d}\sigma$$

解调方程:
$$I(\sigma) = \int_{-\infty}^{+\infty} I(x)\cos 2\pi\sigma x \, \mathrm{d}x$$

调制过程:这一步由迈克尔逊干涉仪实现,设一单色光进入干涉仪,它被分成两束后进行干涉,干涉后的光强值为

$$I(x) = I_0 \cos 2\pi\sigma x$$

式中:x 为光程差,它随动镜的移动而变化;σ 为单色光的波数值。如果待测光为连续光谱,那么干涉后的光强为

$$I(x) = \int_{-\infty}^{+\infty} I(\sigma)\cos 2\pi\sigma x \, \mathrm{d}\sigma$$

解调过程:将接收器采集到的信号送入计算机中进行数据处理,这一步就是解调过程。使用的方程就是解调方程,这个方程也是傅里叶变换光谱学中干涉图-光谱图关系的基本方程。对于给定的波数 σ,如果已知干涉图与光程差的关系式 $I(x)$,就可以用解调方程计算该波数处的光谱强度 $I(\sigma)$。要获得整个工作波数范围内的光谱图,只需对所希望的波段内的每一个波数反复按解调方程进行傅里叶变换运算就行了。

【实验内容及步骤】

打开实验装置和待测光源的电源,预热 15 min。

(1)从"开始/程序"中运行实验装置的应用软件,当进入系统后进行仪器初始化。

(2)打开下拉菜单命令,进行采集前的参数设置工作。在"采集时间"栏中,设置此次采集的采集时间。采集时间的确定直接影响到最终傅里叶变换得到的光谱图,设定的采集时间越长则得到的光谱图的分辨率越高。例如钠光灯的钠双线波长分别为 589.0 nm 和 589.6 nm,由于两条谱线之间的距离只有 0.6 nm,要求变换出的光谱具有优于 0.6 nm 的分辨率,则采集时间应设置为大于 7 min。

当然对于谱线分布情况未知的待测光源就要设定长一点的采集时间。在"待测光源放大倍数"一栏中,有五个放大倍数挡,分别为×1、×2、×4、×8、×16,可以根据待测光源的强

弱选择合适的放大倍数。同时放大倍数还可以和实验装置上的光阑选择配合使用。对于辐射能量较强的光源,如果选择最小的放大倍数,采集的干涉图能量仍然太大而溢出的话,就可以将实验装置的光阑直径减小一些。

(3)单击工具栏上的"开始采集"按钮。系统将执行采集命令,并将采集到的干涉数据在工作区中绘制成干涉图。

(4)在采集工作完成后,系统将自行指挥扫描机构回复到"零光程差点"位置(注意,在这个过程中请不要强行退出软件或断电!),在系统执行上述操作过程中,可以进行下一步操作。

(5)单击工具栏上的"傅氏变换"按钮,将采集到的干涉图进行变换。

(6)扫描机构回复到"零光程差点"位置之前,工具栏上的"开始采集"、"参数设置"和"退出"三个按钮呈现灰色,这几项工作被禁止。待扫描机构回复以后,才可以进行下一次扫描。

完成上述操作步骤后,本次实验就结束了,可以选择继续进行下一次扫描或者退出,在退出应用程序之前,请存储未保存的有用数据。

【实验数据及结果】

用手机分别拍摄钠灯和汞灯的发射光谱和相应的傅氏变换图,然后打印出来,并粘贴到实验报告数据记录处。

【思考题】

在此傅里叶变换光谱仪实验装置中,具备一套光阑转换系统,经过严格计算,有 8 挡光阑可供选择。在实验过程中,对不同待测光源的光的强度,如何选择合适的光阑?

实验 3-6 氦氖激光器谐振腔调整及纵横模观测

【实验目的】

(1)了解激光器的模式结构,加深对模式概念的理解。

(2)通过测试分析,掌握模式分析的基本方法。

(3)对本实验使用的分光仪器——共焦球面扫描干涉仪,了解其原理、性能,学会其正确使用方法。

【实验仪器】

实验装置如图 3-6-1 所示。实验装置的各组成部分说明如下:

共焦球面扫描干涉仪使激光器的各个模按波长（或频率）展开，其透射光中心波长为 632.8 nm。仪器上有四个鼓轮，其中两个鼓轮用于调节腔的上下、左右位置，另外两个鼓轮用于调节腔的方位。

驱动器：驱动器电压除了加在扫描干涉仪的压电陶瓷上，还同时输出到示波器的 X 轴做同步扫描。为了便于观察，希望能够移动干涉序的中心波长在频谱图中的位置，以使每个序中所有的模式能完整地展现在示波器的荧光屏上。为此，驱动器还增设了一个直流偏置电路，用以改变扫描的电压起点。

光电二极管：将扫描干涉仪输出的光信号转变成电信号，并输入到示波器 Y 轴。

示波器：用于观测氦氖激光器的频谱图。

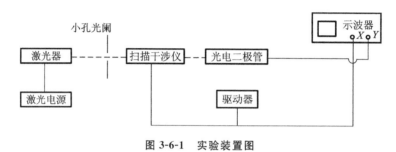

图 3-6-1　实验装置图

【实验原理】

激光形成持续振荡的条件是，光在谐振腔内往返一周的光程差是波长的整数倍，即

$$2\mu L = q\lambda_q \tag{3-6-1}$$

式中：μ 为折射率，对于气体 $\mu \approx 1$；L 为腔长；q 为正整数。这正是光波相干的极大条件，满足此条件的光将获得极大增强。每一个 q 对应纵向一种稳定的电磁场分布，称为一个纵模，q 称作纵模序数。q 是一个很大的数，通常不需要知道它的数值，而关心有几个不同的 q 值，即激光器有几个不同的纵模。从式（3-6-1）中还可看出，这也是驻波形成的条件，腔内的纵模是以驻波形式存在的，q 值反映的恰好是驻波波腹的数目，纵模的频率为

$$\nu_q = q\frac{c}{2\mu L} \tag{3-6-2}$$

同样，一般不需要求纵模频率，而关心相邻两个纵模的频率间隔

$$\Delta\nu_{\Delta q=1} = \frac{c}{2\mu L} \approx \frac{c}{2L} \tag{3-6-3}$$

从式（3-6-3）可看出，相邻纵模频率间隔和激光器的腔长呈反比，即腔越长，相邻纵模频率间隔越小，满足振荡条件的纵模个数越多；相反，腔越短，相邻纵模频率间隔越大，在同样的增益曲线范围内，纵模个数就越少。因而缩短腔长是获得单纵模运行激光器的方法之一。

光波在腔内往返振荡时，一方面有增益，使光不断增强；另一方面也存在多种损耗，使光强减弱，如介质的吸收损耗、散射损耗、镜面的透射损耗、放电毛细管的衍射损耗等。所以，不仅要满足谐振条件，还需要使增益大于各种损耗的总和，才能形成持续振荡，有激光输出。如图 3-6-2 所示，有 5 个纵模满足谐振条件，其中有 2 个纵模的增益小于损耗，所以，有 3 个

纵模可形成持续振荡。对于纵模的观测，由于 q 值很大，相邻纵模频率差异很小，一般的分光仪器无法分辨，必须使用精度较高的检测仪器才能观测到。

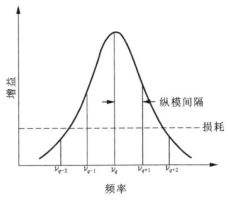

图 3-6-2　光的增益曲线

每一个衍射光斑对应一种稳定的横向电磁场分布，称为一个横模。图 3-6-3 中，给出了几种常见的基本横模光斑图样。一般能看到的复杂的光斑是这些基本光斑的叠加。激光的模式用 TEM_{mnq} 来表示，其中，m、n 为横模的标记，q 为纵模的标记。m 是沿 x 轴场强为零的节点数，n 是沿 y 轴场强为零的节点数。

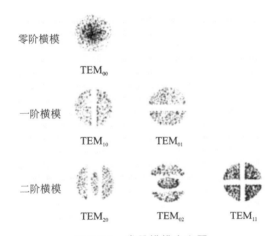

图 3-6-3　常见横模光斑图

共焦球面扫描干涉仪是一种分辨率很高的分光仪器，它已成为激光技术中一种重要的测量设备。本实验就是通过它将彼此频率差异甚小，用一般光谱仪器无法分辨的各个不同的纵模、横模展现成频谱图来进行观测的。在本实验中，它起着关键作用。

共焦球面扫描干涉仪是一个无源谐振腔，它由两块球形凹面反射镜构成共焦腔，即两块反射镜的曲率半径和腔长 l 相等（$R'_1 = R'_2 = l$）。反射镜镀有高反射率膜。两块反射镜中有一块是固定不变的，另一块固定在可随外加电压变化的压电陶瓷环上，如图 3-6-4 所示。图 3-6-4 中的①为由低膨胀系数材料制成的间隔圈，用以保持两球形凹面反射镜 R'_1 和 R'_2 总是处在共焦状态，图 3-6-4 中的②为压电陶瓷环，其特性是若在环的内外壁上加一定数值的电压，环的长度将随之发生变化，而且长度的变化量与外加电压的幅度呈线性关系，这是共焦球面扫描干涉仪扫描的基本条件。由于长度的变化量很小，仅为波长数量级，所以，外加电压不会改变腔的共焦状态。但是当线性关系不好时,会给测量带来一定误差。

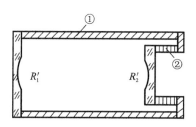

图 3-6-4　共焦球面扫描干涉仪内部结构示意图

当一束激光以近光轴方向射入共焦球面扫描干涉仪后,在共焦腔中经 4 次反射呈 X 形路径,光程近似为 $4l$,如图 3-6-5 所示。光在腔内每走一个周期都会有一部分光从镜面透射出去。如在 A、B 两点,形成一束束透射光 $1,2,3,\cdots$ 和 $1',2',3',\cdots$,在压电陶瓷环上加一线性电压,当外加电压使腔长变化到某一长度 l_a,使相邻两次透射光束的光程差是入射光中模的波长为 λ_a 这条谱线波长的整数倍时,即满足

$$4l_a = k\lambda_a \tag{3-6-4}$$

模 λ_a 将产生相干极大透射(k 为共焦球面扫描干涉仪的干涉序数,为正整数),而其他波长的模则不能透过。同理,外加电压又可使腔长变化到 l_b,使模 λ_b 极大透射,而 λ_a 等其他模又不能透过。因此,透射的模的波长值与腔长值之间有一一对应关系。只要有一定幅度的电压来改变腔长,就可以使激光器具有的所有不同波长(或频率)的模依次相干极大透过,形成扫描。

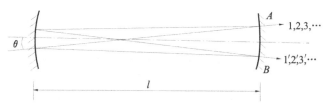

图 3-6-5　共焦球面扫描干涉仪内部光路图

【实验内容及步骤】

(1)按实验装置图 3-6-1 连接线路,经检查无误后,方可进行实验。

(2)开启激光电源,用直尺测量共焦球面扫描干涉仪光孔的高度。调节氦氖激光器的高低、仰俯,使激光束与光学平台的表面平行,且与共焦球面扫描干涉仪的光孔大致等高。

(3)使激光束通过小孔光阑。调节共焦球面扫描干涉仪的上下、左右位置,使激光束正入射到共焦球面扫描干涉仪中,再细调共焦球面扫描干涉仪上的四个鼓轮,使干涉仪腔镜反射回来的光点回到光阑的小孔附近(注意:不要使光点回到光阑的小孔中),且使反射光斑的中心与光阑的小孔大致重合,这时入射光束与共焦球面扫描干涉仪的光轴基本平行。

(4)开启共焦球面扫描干涉仪驱动器和示波器的电源开关。调节驱动器输出电压的大小(即调节"幅度"旋钮)和频率,在光屏上可以看到激光经过共焦球面扫描干涉仪后形成的光斑。

注意：如果在光屏上形成两个光斑，则要在保持反射光斑的中心与光阑的小孔大致重合的条件下，调节共焦球面扫描干涉仪的鼓轮，使经过共焦球面扫描干涉仪后形成的两个光斑重合。

（5）降低驱动器的频率，观察光屏上的干涉条纹，调节共焦球面扫描干涉仪上的四个鼓轮，使干涉条纹最宽。

注意：调节过程中，要保持反射光斑的中心与光阑的小孔大致重合。

（6）将光电二极管对准共焦球面扫描干涉仪输出光斑的中心，调高驱动器的频率，观察示波器上展现的频谱图。进一步细调共焦球面扫描干涉仪的鼓轮及光电二极管的位置，使谱线尽量强。

（7）根据干涉序个数和频谱的周期性，确定哪些模属于同一个干涉序。

（8）改变驱动器的输出电压（即调节"幅度"旋钮），观察示波器上干涉序数目的变化。改变驱动器的扫描电压起点（即调节"直流偏置"旋钮），可使某一个干涉序或某几个干涉序的所有模式完整地展现在示波器的荧光屏上。

（9）根据自由光谱范围的定义，确定哪两条谱线的间距对应自由光谱范围 $\Delta\nu_{\text{S.R.}}$（本实验使用的共焦球面扫描干涉仪的自由光谱范围 $\Delta\nu_{\text{S.R.}} = 2.5\,\text{GHz}$）。测出示波器荧光屏上与 $\Delta\nu_{\text{S.R.}}$ 相对应的标尺长度，计算出二者的比值，即示波器荧光屏上 1 mm 对应的频率间隔值。

（10）在同一干涉序内，根据纵模定义，测出纵模频率间隔 $\Delta\nu_{\Delta q=1}$。将测量值与理论值相比较（待测激光器的腔长 L 由实验室给出）。

（11）确定示波器荧光屏上频率增加的方向，以便确定在同一纵模序数内哪个模是基横模，哪些模是高阶横模。

提示：激光器刚开启时，放电管温度逐渐升高，腔长 L 逐渐增大，根据式（3-6-2），ν_q 逐渐变小。在示波器荧光屏上可以观察到谱线向频率减小的方向移动，所以，其反方向就是示波器荧光屏上频率增加的方向。

（12）测出不同横模的频率间隔 $\Delta\nu_{\Delta m+\Delta n}$，并与理论值相比较，验证是否正确，确定 $\Delta m + \Delta n$ 的数值（谐振腔两个反射镜的曲率半径 R_1、R_2 由实验室给出）。

（13）观察激光束在远处光屏上的光斑形状。这时看到的应是所有横模的叠加图，需结合图 3-6-3 中单一横模的形状加以辨认，确定出每个横模的模序，即每个横模的 m、n 值。

【实验数据及结果】

观测并记录纵模和横模相关信息，根据"实验内容与步骤"处理记录的数据并分析误差。

【注意事项】

（1）实验过程中要注意眼睛的防护，绝对禁止用眼睛直视激光束。

（2）开启或关闭共焦球面扫描干涉仪的驱动器时，必须先将"幅度"旋钮置于最小值（逆时针方向旋转到底），以免损坏仪器。

【思考题】

示波器荧光屏上频率表示什么意思?

实验 3-7　激光的束腰半径大小测量

【实验目的】

(1)熟悉基模光束特性。
(2)掌握高斯光束强度分布的测量方法。
(3)测量高斯光束的远场发散角。

【实验仪器】

氦氖激光器,光电二极管,CCD,CCD 光阑,偏振片,计算机。

【实验原理】

电磁场运动的普遍规律可用麦克斯韦方程组来描述。稳态传输光频电磁场可以归结为对光现象起主要作用的电矢量所满足的波动方程,在标量场近似条件下,可以简化为亥姆霍兹方程。高斯光束是亥姆霍兹方程在缓变振幅近似下的一个特解,它可以很好地描述激光光束的性质。使用高斯光束的复参数表示和 ABCD 定律能够统一而简洁地处理高斯光束在腔内、外的传输变换问题。

在缓变振幅近似下求解亥姆霍兹方程,可以得到高斯光束的一般表达式:

$$A(r,z)=\frac{A_0\omega_0}{\omega(z)}\mathrm{e}^{\frac{-r^2}{\omega^2(z)}}\cdot\mathrm{e}^{-\mathrm{i}\left[\frac{kr^2}{2R(z)}-\psi\right]} \qquad (3\text{-}7\text{-}1)$$

式中:A_0 为振幅常数;ω_0 为场振幅减小到最大值的 $1/\mathrm{e}$ 时的 r 值,称为腰斑,它是高斯光束光斑半径的最小值;$\omega(z)$、$R(z)$、ψ 分别为高斯光束的光斑半径、等相面曲率半径、相位因子,是描述高斯光束的三个重要参数,其具体表达式分别为

$$\omega(z)=\omega_0\sqrt{1+\left(\frac{z}{z_0}\right)^2} \qquad (3\text{-}7\text{-}2)$$

$$R(z)=z_0\left(\frac{z}{z_0}+\frac{z_0}{z}\right) \qquad (3\text{-}7\text{-}3)$$

$$\psi=\arctan\frac{z}{z_0} \qquad (3\text{-}7\text{-}4)$$

其中:$z_0 = \dfrac{\pi \omega_0^2}{\lambda}$,称为瑞利长度或共焦参数(也有用 f 表示的)。

(1)高斯光束在 $z=$ 常数的面内,场振幅以高斯函数 $\mathrm{e}^{-r^2/\omega^2(z)}$ 的形式由中心向外平滑地减小,因而光斑随坐标 z 按双曲线规律地向外扩展,如图 3-7-1 所示,光斑半径 $\omega(z)$ 满足

$$\frac{\omega^2(z)}{\omega_0^2} - \frac{z}{z_0} = 1 \tag{3-7-5}$$

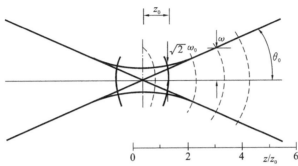

图 3-7-1 高斯光束及其参数的定义说明

(2)令式(3-7-4)中相位部分等于常数,并略去 $\psi(z)$ 项,可以得到高斯光束的等相面方程:

$$\frac{r^2}{2R(z)} + z = 常数 \tag{3-7-6}$$

因而,可以认为高斯光束的等相面为球面。

(3)瑞利长度的物理意义为:当 $|z| = z_0$ 时,$\omega(z_0) = \sqrt{2}\omega_0$。在实际应用中通常取 $z = \pm z_0$,范围为高斯光束的准直范围,即在这段长度范围内,高斯光束近似认为是平行的。所以,瑞利长度越长,就意味着高斯光束的准直范围越大,反之亦然。

(4)高斯光束远场发散角 θ_0 的一般定义为:当 $z \to \infty$ 时,高斯光束振幅减小到中心最大值 $1/\mathrm{e}$ 处时与 z 轴的夹角,即表示为

$$\theta_0 = \lim_{z \to \infty} \frac{\omega(z)}{z} = \frac{\lambda}{\pi \omega_0} \tag{3-7-7}$$

【实验内容及步骤】

(1)开启氦氖激光器,调整其高低、俯仰,使其输出光束与导轨平行;可通过前后移动一个带小孔的支杆实现。

(2)启动计算机,运行 BeamView 激光光束参数测量软件。

(3)氦氖激光器输出的光束测定及模式分析:使激光束垂直入射到 CCD 靶面上,在软件上看到形成的光斑图案,在 CCD 前的 CCD 光阑中加入适当的衰减片。可利用激光光束参数测量软件分析激光束的模式,判定其输出的光束为基模高斯光束还是高阶横模式。

(4)氦氖激光器输出的光束束腰位置的确定:前后移动 CCD 探测器,利用激光光束参数测量软件观测不同位置的光斑大小,光斑最小位置处即是激光束的束腰位置。

【实验数据及结果】

实验中每组数据取 5 个有效数据,求平均值,数据填入表 3-7-1。

表 3-7-1　实验 3-7 测量数据记录表

次数	1	2	3	4	5	平均值
$\omega(z_1)/\mu m$						
$\omega(z_2)/\mu m$						
$\omega(z_3)/\mu m$						
$\omega(z_4)/\mu m$						
$\omega(z_5)/\mu m$						
ω_0						

【注意事项】

(1)实验过程中要注意眼睛的防护,绝对禁止用眼睛直视激光束。

(2)射入 CCD 的激光不能太强,以免烧坏芯片。

【思考题】

能不能利用现有的仪器设计另一种方法测量高斯光束的发散角?

实验 3-8　固体激光器参数测量

【实验目的】

(1)了解半导体泵浦固体激光器结构。

(2)以 808 nm 半导体泵浦 $Nd:YVO_4$ 激光器为研究对象,调整激光器光路,在腔中插入 KTP 倍频晶体产生 532 nm 倍频激光,观察倍频现象,测量阈值、相位匹配等基本参数。

【实验仪器】

实验装置如图 3-8-1 所示,主要元件如下:

(1)808 nm 半导体激光器,功率≤500 mW;

(2)半导体激光器可调电源,电流为 0~500 mA;

（3）Nd：YVO₄ 晶体，规格为 3 mm×3 mm×1 mm；

（4）KTP 倍频晶体，规格为 2 mm×2 mm×5 mm；

（5）输出镜（前腔片），$\phi 6$，$R=50$ mm；

（6）光功率指示仪；功率为 2 μW～200 mW，共 6 挡。

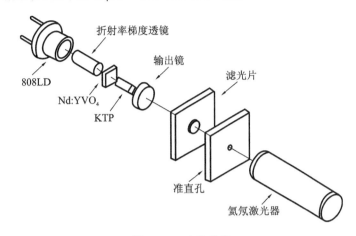

图 3-8-1　实验装置

实验使用 808 nm LD 泵浦晶体得到 1.064 μm 近红外激光，再用 KTP 倍频晶体进行腔内倍频得到 0.53 μm 的绿激光，规格为 3 mm×3 mm×1 mm、掺杂原子分数为 3%、a 轴向切割的 Nd：YVO₄ 晶体作为工作介质，入射到内部的光约 95% 被吸收，采用 Ⅱ 类相位匹配 2 mm×2 mm×5 mm KTP 晶体作为倍频晶体，它的通光面同时对 1.064、0.53 μm 的光高透，采用端面泵浦以提高空间耦合效率，用等焦距为 3 mm 的梯度折射率透镜收集 808 nm LD 激光，聚焦成 0.1 μm 的细光束，使光束束腰在 Nd：YVO₄ 晶体内部，谐振腔为平凹型，后腔片受热后弯曲。输出镜（前腔片）用 K9 玻璃，$R=50$ mm，对 808.5、1.064 μm 的光高反，0.53 μm 的光增透。用 632.8 nm 氦氖激光作准直光源。

【实验原理及步骤】

光的倍频是一种最常用的扩展波段的非线性光学方法。激光倍频是利用频率为 ω 的光穿过倍频体，通过晶体的非线性作用，产生频率为 2ω 的光。

当光与物质相互作用时，物质中的原子会因感应而产生电偶极矩。单位体积内的感应电偶极矩叠加起来，形成电极化强度矢量。电极化强度矢量产生的极化场发射出次级电磁辐射。当外加光场的电场强度比物质原子的内场强小得多时，物质感生的电极化强度矢量大小与外界电场强度呈正比。

$$P=\varepsilon_0 \times E \qquad\qquad (3\text{-}8\text{-}1)$$

在激光没有出现之前，当有几种不同频率的光波同时与该物质作用时，各种频率的光都线性独立地反射、折射和散射，满足波的叠加原理，不会产生新的频率。

当外加光场的电场强度足够大（如激光）时，物质对光场的响应与场强具有非线性关系：

$$P = \alpha E + \beta E^2 + \gamma E^3 + \cdots \tag{3-8-2}$$

式中:α、β、γ、$\cdots$,均为与物质有关的系数,且逐次减小,它们数量级之比为

$$\frac{\beta}{\alpha} = \frac{\gamma}{\beta} = \cdots = \frac{1}{E_{原子}} \tag{3-8-3}$$

其中,$E_{原子}$为原子中的电场,其量级为 10^8 V/cm,当 E 很小时,式(3-8-2)中的非线性项 E^2、E^3 等均是小量时,可忽略;如果 E 很大,非线性项就不能忽略。

电场的平方项为

$$P^{(2)} = \beta E^2 = \beta E_0^2 \cos^2 \omega t = \beta \frac{E_0^2}{2}(1 + \cos 2\omega t) \tag{3-8-4}$$

式中:

$$E = E_0 \cos \omega t \tag{3-8-5}$$

平方项中出现直流项和二倍频项 $\cos 2\omega t$,直流项称为光学整流。当激光以一定角度入射到倍频晶体时,在晶体产生倍频光,产生倍频光的入射角称为匹配角。

倍频光的转换效率为倍频光与基频光的光强比,通过非线性光学理论可以得到

$$\eta = \frac{I_{2\omega}}{I_\omega} \propto \beta L^2 I_\omega \frac{\sin^2(\Delta k l/2)}{(\Delta k l/2)} \tag{3-8-6}$$

式中:L 为晶体长度,I_ω、$I_{2\omega}$ 分别为入射的基频光、输出的倍频光的光强,k_ω、$k_{2\omega}$ 分别为基频光和倍频光的传播矢量;$\Delta k = k_\omega - 2k_{2\omega}$。

在正常色散的情况下,倍频光的折射率 $n_{2\omega}$ 总是大于基频光的折射率,所以相位失配,双折射晶体中 o 光和 e 光的折射率不同,且 e 光的折射率随着其传播方向与光轴间夹角的变化而改变,可以利用双折射晶体中 o 光、e 光的折射率差来补偿介质对不同波长光的正常色散,实现相位匹配。

【实验内容及步骤】

激光器光路调整步骤如下。

(1)将 808 nm LD 固定在二维调节架上,将氦氖 632.8 nm 红光通过白屏小孔聚到折射率梯度透镜上,让氦氖 632.8 nm 光和小孔及 808 nm LD 在同一轴线上。

(2)将 Nd:YVO₄ 晶体安装在二维调节架上,使红光通过晶体并使返回的光点通过小孔。

(3)将输出镜(前腔片)固定在四维调节架上。调节输出镜使返回的光点通过小孔。对于有一定曲率的输出镜,会有几个光斑,应区分出从球心返回的光斑。

(4)在 Nd:YVO₄ 晶体和输出镜之间插入 KTP 倍频晶体,接通电源,调节多圈电位器。

(5)寻找 532 nm 倍频绿激光,调节输出镜、LD 调节架,使 532 nm 绿光功率最大。

【实验数据及结果】

(1)改变半导体输入电流大小,记录输出光强,取 5 组有效数据,填入表 3-8-1,并画出关系曲线。

表 3-8-1　实验 3-8 测量数据记录表 1

次　　数	1	2	3	4	5
输入电流 I					
输出光强 P					

（2）改变倍频晶体角度，记录 5 组数据，填入表 3-8-2，确定最佳匹配角。

表 3-8-2　实验 3-8 测量数据记录表 2

次　　数	1	2	3	4	5
晶体角度 θ					
输出光强 P					

【注意事项】

（1）实验过程中要注意眼睛的防护，绝对禁止用眼睛直视激光束。

（2）射入 CCD 的激光不能太强，以免烧坏芯片。

【思考题】

倍频晶体的匹配角与什么有关？

实验 3-9　电话语音信号光纤传输系统

【实验目的】

（1）了解电话语音信号光纤传输系统的通信原理。

（2）了解完整的电话语音信号光纤传输系统的基本结构。

（3）了解用户接口电路的原理。

【实验仪器】

光纤通信实验箱 1 台，电话 2 部，FC/PC 光纤跳线 2 根，导线若干。

【实验原理】

本实验系统的电话系统采用热线电话的工作模式：其中任意一路（假定是甲路）摘机后，

另一路(假定是乙路)将振铃,而甲路将送回铃音。当乙路摘机后,双方进入通话状态。当其中一路挂机后,另一路将送忙音,当两路电话都挂机后通话结束。电话接口芯片采用AM79R70,电路原理如图 3-9-1 所示。

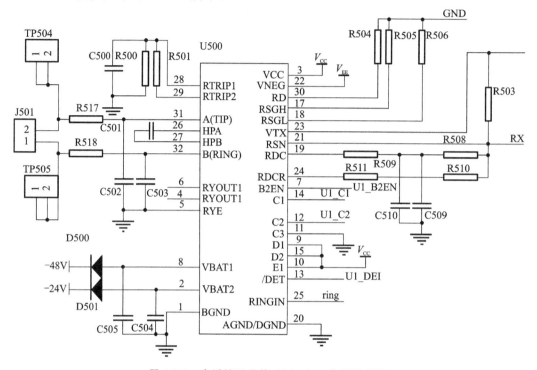

图 3-9-1　电话接口芯片 AM79R70 电路原理图

AM79R70 在模拟用户接口单元(ALU)中的应用:ALU 是连接普通模拟话机和数字交换网络的接口电路,CCITT 为程控数字交换机的模拟用户接口,规定了 7 项功能,称为BORSCHT,如图 3-9-2 所示是 BORSCHT 的结构框图,这七项功能如下。

(1)馈电 B:在目前的交换机中,普遍都采用对外部模拟话机提供集中供电方式,即话机中送话器所需的直流工作电流由交换机提供,馈电电压一般为-48 V。

(2)过压保护 O:交换机接口应保护交换机的内部电路不受外界雷电、工业高压和人为破坏的损害。

(3)振铃控制 R:接口应能向话机输送铃流,并能在话机摘机后切断铃流(截铃)。

(4)监测 S:接口应能监测用户环路直流电流的变化,并向控制系统输出相应的摘、挂机信号和拨号脉冲信息。

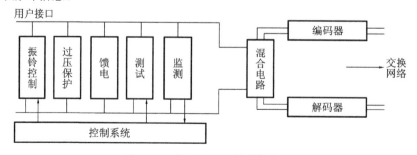

图 3-9-2　BORSCHT 的结构框图

(5)编解码 C:用于完成模拟话音信号及带内信令的 PCM 编码和解码。

(6)混合电路 H:用于完成环路 2 线传输与交换网络 4 线传输之间的变换。

(7)测试 T:接口通常还应提供测试环路系统各个环节工作状态的辅助功能。

AM79R70 在 ALU 中主要完成 B(馈电)、O(过压保护)、R(振铃控制)、S(监测)、H(混合)、T(测试)功能,而 C(编解码)通常由编解码芯片来完成。

实验框图如图 3-9-3 和图 3-9-4 所示。

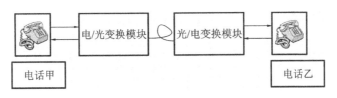

图 3-9-3　实验原理框图 1

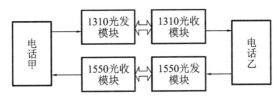

图 3-9-4　实验原理框图 2

【实验内容及步骤】

(1)关闭系统电源,用光纤跳线连接 1310 nm 光发模块和 1310 nm 光收模块。

(2)将 1310 nm 光发模块的 J101 设置为"模拟"。

(3)将 1310 nm 光收模块的 RP106 顺时针旋到最大,RP108 逆时针旋到最大。

(4)同理,按(1)、(2)、(3)操作步骤设置 1550 nm 的光发模块和 1550 nm 的光收模块。

(5)导线的连接方式如下。

①电话甲的语音输出孔 DOUT 与 1310 nm 光发模块的模拟信号输入口 P104 连接(模拟电信号输出→模拟电信号输入),1310 nm 光发模块将输入进来的模拟电信号转为模拟光信号输入光纤;

②1310 nm 光收模块的模拟信号输出口 P105 与电话乙的语音输入插孔 DIN 连接(模拟光信号输入→模拟电信号输出),1310 nm 光收模块将从光纤跳线输入进来的模拟光信号转为模拟电信号输入电话乙;

③电话乙的语音信号输出孔 DOUT 与 1550 nm 光发模块的模拟信号输入口 P204 连接(模拟电信号输出→模拟电信号输入),1550 nm 光发模块将输入进来的模拟电信号转为模拟光信号输入光纤;

④1550 nm 光收模块的模拟信号输出口 P205 与电话甲的语音输入插孔 DIN 连接(模拟光信号输入→模拟电信号输出),1550 nm 光收模块将从光纤跳线输入进来的模拟光信号转为模拟电信号输入电话甲;

(6)打开系统电源,摘起两部电话(如果听到嘟······嘟的忙音,请将两部电话挂好后重新摘起),测试两部电话的通话情况。

(7)根据通话效果,调整仪器旋钮,将 1310 nm 光收、光发模块和 1550 nm 光收、光发模块调为无失真传输状态。

(8)关闭系统电源,拆除实验导线,将各实验仪器摆放整齐。

【实验数据及结果】

将实验连线图拍照并打印粘贴在实验报告上,叙述热线电话的通话流程。

【思考题】

(1)若电话不能通信,请分析导致的原因有哪些?
(2)若听到的噪声太大,说明什么问题,应如何调节旋钮?

实验 3-10　图像光纤传输系统

【实验目的】

(1)了解图像光纤传输系统的通信原理。
(2)了解完整的图像光纤传输系统的基本结构。

【实验仪器】

光纤通信实验箱 1 台,监视器 1 台,摄像头 1 个,光纤跳线 1 根,示波器 1 台。

【实验原理】

因为视频信号的带宽为 0~6 MHz,相对于语音信号的带宽 0~3 KHz 宽了很多,因此对光发模块和光收模块的要求更加严格。在实验中应该认真仔细地调节才能得到满意的图像传输效果。实验框图如图 3-10-1 所示。

【实验内容及步骤】

(1)关闭系统电源,用光纤跳线连接 1310 nm 光发模块和 1310 nm 光收模块。
(2)将模拟信号源模块的正弦波(P410)连接到 1310nm 光发模块的 P104。

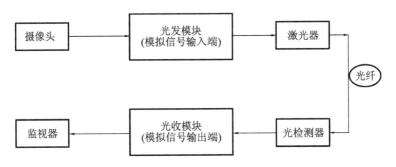

图 3-10-1　光纤图像传输框图

（3）把 1310 nm 光发模块的 J101 设置为"模拟"。

（4）将模拟信号源模块的开关 J400 调到"1 K"端。

（5）将 1310nm 光收模块的 RP106 顺时针旋到最大，RP107 逆时针旋到最大。

（6）打开系统电源，用示波器观测模拟信号源模块的 TP402，调节模拟信号源模块的 RP400，使信号的峰值为 2 V。

（7）用示波器观测模拟信号源的 TP402 和 1310 nm 光收模块的 TP108，调节 1310 nm 光发模块的 RP104 使 TP108 的波形和 TP402 的相同，且幅值最大。此时，1310 nm 光收、光发模块无失真地传输模拟信号。

（8）用视频连接线连接摄像头和 1310 nm 光发模块的 P104，再用视频连接线连接 1310 nm 模拟输出和监视器。

（9）打开系统电源，可以观察到监视器上会显示摄像头传输的视频信号。（注意：监视器背后有一按键，应将其设置为 AV 模式。如果图像比较模糊，调节摄像头的焦距即可得到清晰的图像。）

（10）调节 1310 nm 光收模块的 RP106、RP108，观察图像有何变化。

（11）关闭系统电源，拆除实验导线，将各实验仪器摆放整齐。

【实验数据及结果】

描述模拟信号光纤传输的原理。

【思考题】

描述 RP106 和 RP108 变化时，图像有何变化？

实验 3-11　电 光 调 制

【实验目的】

(1)掌握晶体电光调制的原理和实验方法。

(2)学会用简单的实验装置测量晶体半波电压,以及电光常数。

(3)实现模拟光通信。

【实验仪器】

光学导轨及滑动座 1 套,起偏器和检偏器各 1 个,1/4 波片 1 个,ZY607 氦氖激光器 1 个,光电探测器 1 个,ZY605 电光调制器 1 个,ZYEOM-Ⅱ-SS 信号源 1 台,双踪示波器 1 台,音频信号源(收音机等)1 台。

【实验原理】

铌酸锂晶体(LN 电光晶体)具有优良的压电、电光、声光、非线性等性能。本实验仪中采用的是 LN 电光晶体,它的工作原理如下。

LN 电光晶体是三方晶体 $n_1 = n_2 = n_o$,$n_3 = n_e$,折射率椭球为以 z 轴为对称轴的旋转椭球,垂直于 z 轴的截面为圆,如图 3-11-1 所示。

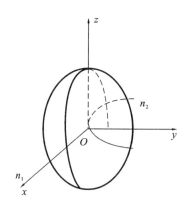

图 3-11-1　LN 电光晶体的折射率椭球

其电光系数为

$$\begin{bmatrix} 0 & -\gamma_{22} & \gamma_{13} \\ 0 & \gamma_{22} & \gamma_{13} \\ 0 & 0 & \gamma_{33} \\ 0 & \gamma_{51} & 0 \\ \gamma_{51} & 0 & 0 \\ -\gamma_{22} & 0 & 0 \end{bmatrix}$$

没有加电场之前,LN 电光晶体的折射率椭球为

$$\frac{x^2+y^2}{n_o^2}+\frac{z^2}{n_e^2}=1$$

加上电场之后,其折射率椭球变为

$$\left(\frac{1}{n_o^2}-\gamma_{22}E_2+\gamma_{13}E_3\right)x^2+\left(\frac{1}{n_o^2}+\gamma_{22}E_2+\gamma_{13}E_3\right)y^2+\left(\frac{1}{n_e^2}+\gamma_{33}E_3\right)z^2+$$

$$2\gamma_{51}E_2yz+2\gamma_{51}E_1zx-2\gamma_{22}E_1xy=1 \qquad (3\text{-}11\text{-}1)$$

本实验采用的是 y 轴通光,z 轴加电场,如图 3-11-2 所示,也就是说,$E_1=E_2=0$,$E_3=E$,那么式(3-11-1)就变为

$$\left(\frac{1}{n_o^2}+\gamma_{13}E\right)(x^2+y^2)+\left(\frac{1}{n_c^2}+\gamma_{33}E\right)z^2=1 \qquad (3\text{-}11\text{-}2)$$

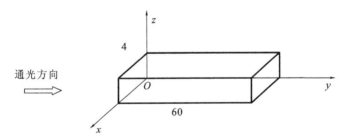

图 3-11-2　晶体通光

式(3-11-2)中没有出现交叉项,说明新的折射率椭球的主轴与旧折射率椭球的主轴完全重合。所以新的主轴折射率为

$$\begin{cases} n'_x=n'_y=\left(\frac{1}{n_o^2}+\gamma_{13}E\right)^{-\frac{1}{2}}\approx n_o-\frac{1}{2}n_o^3\gamma_{13}E \\ n'_z=\left(\frac{1}{n_e^2}+\gamma_{33}E\right)^{-\frac{1}{2}}\approx n_e-\frac{1}{2}n_e^3\gamma_{33}E \end{cases}$$

沿着三个主轴方向上的双折射率为

$$\begin{cases} \Delta n'_x=\Delta n'_y=(n_o-n_e)+\frac{1}{2}(n_e^3\gamma_{33}-n_o^3\gamma_{13})E \\ \Delta n'_z=0 \end{cases} \qquad (3\text{-}11\text{-}3)$$

式(3-11-3)表明,对 LN 电光晶体沿 z 轴方向加电场之后,可以产生横向电光效应,但是不能够产生纵向电光效应。

经过晶体后,o 光和 e 光产生的相位差为

$$\delta = \frac{2\pi l}{\lambda}(n_o - n_e) + \frac{\pi}{\lambda}n_o^3 \gamma_e l \frac{U}{d}$$

式中：$\gamma_e = \left(\dfrac{n_c}{n_o}\right)^3 \gamma_{33} - \gamma_{13}$，称为有效电光系数。

入射光经起偏器后变为振动方向平行于 x 轴的线偏振光，它在晶体的感应轴 x' 和 y' 轴上的投影的振幅和相位均相等，设

$$E_{x'} = A_0 \cos\omega t, \quad E_{y'} = A_0 \cos\omega t$$

或用复振幅的表示方法，将位于晶体表面（$z=0$）的光波表示为

$$E_{x'}(0) = A, \quad E_{y'}(0) = A$$

所以，入射光的强度是

$$I_i \propto \boldsymbol{E} \cdot \boldsymbol{E} = |E_{x'}(0)|^2 + |E_{y'}(0)|^2 = 2A^2$$

当光通过长为 l 的电光晶体后，x' 和 y' 两分量之间产生相位差 δ，即

$$E_{x'}(0) = A, \quad E_{y'}(0) = Ae^{-i\delta}$$

通过检偏器射出的光，是该两分量在 y 轴上的投影之和

$$(E_y)_0 = \frac{A}{\sqrt{2}}(e^{i\delta} - 1)$$

其对应的输出光强 I_t 可写成

$$I_t \propto [(E_y)_0 \cdot (E_y)_0^*] = \frac{A^2}{2}[(e^{-i\delta} - 1)(e^{i\delta} - 1)] = 2A^2 \sin^2 \frac{\delta}{2}$$

所以光强透过率 T 为

$$T = \frac{I_t}{I_i} = \sin^2 \frac{\delta}{2} \tag{3-11-4}$$

将 $\delta = \dfrac{2\pi l}{\lambda}(n_o - n_e) + \dfrac{\pi}{\lambda}n_o^3 \gamma_c l \dfrac{U}{d}$ 代入式（3-11-4），就可以发现，光强透过率与加在晶体两端的电压呈函数关系。也就是说，电信号调制了光强度，这就是电光调制的原理。

改变信号源各参数对输出特性的影响如下。

（1）当 $U_0 = \dfrac{U_\pi}{2}$，$U_m \ll U_\pi$ 时，将工作点选定在线性工作区的中心处，如图 3-11-3（a）所示，此时，可获得较高效率的线性调制，当 $U_0 = \dfrac{U_\pi}{2}$ 时，有

$$
\begin{aligned}
T &= \sin^2 \left(\frac{\pi}{4} + \frac{\pi}{2U_\pi}U_m \sin\omega t\right) \\
&= \frac{1}{2}\left[1 - \cos\left(\frac{\pi}{2} + \frac{\pi}{U_\pi}U_m \sin\omega t\right)\right] \\
&= \frac{1}{2}\left[1 + \sin\left(\frac{\pi}{U_\pi}U_m \sin\omega t\right)\right]
\end{aligned}
\tag{3-11-5}
$$

由于 $U_m \ll U_\pi$，　　　　　　　$T \approx \dfrac{1}{2}\left[1 + \left(\dfrac{\pi U_m}{U_\pi}\right)\sin\omega t\right]$

即　　　　　　　　　　　　　　$T \propto \sin\omega t$ \hfill (3-11-6)

这时，调制器输出的信号和调制信号虽然振幅不同，但是两者的频率却是相同的，输出

信号不失真,称为线性调制。

(2)当 $U_0=0$,$U_m \ll U_\pi$ 时,如图 3-11-3(b)所示,把 $U_0=0$ 代入式(3-11-4),得

$$T = \sin^2\left(\frac{\pi}{2U_\pi}U_m \sin\omega t\right)$$

$$= \frac{1}{2}\left[1-\cos\left(\frac{\pi}{U_\pi}U_m \sin\omega t\right)\right]$$

$$\approx \frac{1}{4}\left(\frac{\pi}{U_\pi}U_m\right)^2 \sin^2\omega t$$

$$\approx \frac{1}{8}\left(\frac{\pi U_m}{U_\pi}\right)^2 (1-\cos2\omega t)$$

即　　　　　　　　　　　　　　　$T \propto \cos2\omega t$　　　　　　　　　　　　(3-11-7)

从式(3-11-7)可以看出,输出信号的频率是调制信号频率的 2 倍,即产生"倍频"失真,若把 $U_0=U_\pi$ 代入式(3-11-4),经类似的推导,可得

$$T \approx 1-\frac{1}{8}\left(\frac{\pi U_m}{U_\pi}\right)^2 (1-\cos2\omega t)$$　　　　　　　　(3-11-8)

即 $T \propto \cos2\omega t$,输出信号仍是"倍频"失真的信号。

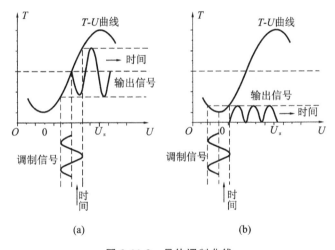

图 3-11-3　晶体调制曲线

(3)直流偏压 U_0 在 0 V 附近或在 U_π 附近变化时,由于工作点不在线性工作区,输出波形将失真。

(4)当 $U_0=\dfrac{U_\pi}{2}$,$U_m>U_\pi$ 时,调制器的工作点虽然在线性工作区的中心,但不满足小信号调制的要求,式(3-11-5)不能写成式(3-11-6)的形式。因此,工作点虽然选在了线性区,输出波形仍然是失真的。

【实验内容及步骤】

(1)按照系统连接方法连接激光器、电光晶体、光电探测器等部件。系统连接方法如图 3-11-4 所示,其中电光晶体的滑动座是二维移动平台,与其他的滑动座有所不同。信号源

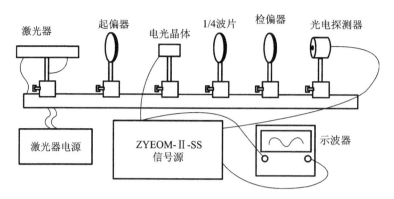

图 3-11-4　系统连接方法

面板如图 3-11-5 所示。在信号源面板上,"波形切换"开关用于选择输出正弦波或方波,"信号输出"口用于输出晶体调制电压,若"高压输出开关"打开,那么输出的调制电压上就会叠加一个直流偏压,用于改变晶体的调制曲线,"音频选择"开关用于选择调制信号为正弦波还是外接音频信号,"探测信号"口接光电探测器的输出,对光电探测器输入的微弱信号进行处理后通过"解调信号"口输出,连接至有源扬声器上。

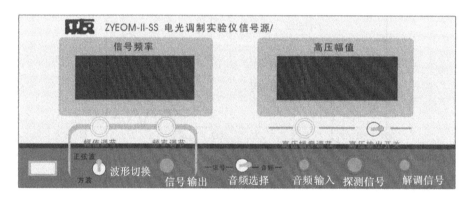

图 3-11-5　信号源面板

　　连接导线时,"信号输出"接一根一端为 BNC 头、另一端为鳄鱼夹的连接线,ZY605 电光晶体调制器上也接一根同样的连接线,将这两根线的相对应颜色的鳄鱼夹咬合连接。在观察电光调制现象时,需要使用一个带衰减的探头,连接时,探头的黑色鳄鱼夹连接至前面两根线的黑色鳄鱼夹,探针接红色鳄鱼夹(在测量时,探头应 10 倍衰减)。光电探测器通过一根两端都是 BNC 头的连接线连接至示波器上。在进行音频实验时,则不需要示波器,且光电探测器连接至信号源"探测信号"口,"解调信号"接有源音箱。"音频输入"接外加音频信号。

　　(2)光路准直。打开激光器电源,调节光路,保证光线沿光轴通过。在光路调节过程中,先将 1/4 波片、起偏器和检偏器移走,调整激光器、电光晶体和光电探测器三者的相对位置,使激光能够从晶体光轴通过;调整好之后,再将 1/4 波片、起偏器和检偏器放回原位,再调节它们的高度和位置。调节完毕后,锁紧滑动座和固定各部件。

　　(3)将信号源输出的正弦波信号加在电光晶体上,并将光电探测器输出的信号接到示波器上,调节 1/4 波片,观察输出信号的变化,记下信号调节到最佳时输出信号的幅值;改变信号源输出信号的幅值与频率,观察光电探测器输出信号的变化;去掉 1/4 波片,加上直流偏压,改变其大小,观察输出信号的变化,并与加 1/4 波片的情况进行比较。

(4)测量透过率曲线(即 T-U 曲线),并由此求出半波电压。测量电光晶体的半波电压的方法有两种。

①极值法,即电光晶体上只加直流电压,不加交流信号,从小到大逐渐改变直流电压,输出的光强将会出现极大、极小值,相邻极大、极小值之间对应的直流电压之差就是半波电压。具体步骤是:去掉 1/4 波片,调节检偏器使输出光强最小,然后将信号源中正弦波的输出幅度调节至零,打开高压开关,将直流电压为 20～400 V 时的输出电压值填入表 3-11-1。

表 3-11-1　半波电压的测量

直流电压 U/V	20	40	60	80	100
输出电压 T/mV					
直流电压 U/V	120	140	160	180	200
输出电压 T/mV					
直流电压 U/V	220	240	260	280	300
输出电压 T/mV					
直流电压 U/V	320	340	360	380	400
输出电压 T/mV					

根据测得的数据在实验纸上描出直流电压与输出电压之间的曲线,曲线上输出电压达到最大值时所对应的直流电压即为电光晶体的半波电压。根据电光晶体的尺寸就可以计算出其电光常数。

②调制法,即同时在电光晶体上加直流电压与交流电压,当出现第一次倍频现象时,继续加大电压,直到出现第二次倍频现象,两次倍频现象之间的电压之差即为半波电压。此法虽然精度很高,但是需要精确进行调节。

注意:在加直流电压的时候,一定要先从零开始慢慢增加电压!

(5)电光调制与光通信实验演示。

将音频信号输入到本机的"音频输入"插座,光电探测器输出口接到信号源"探测信号"口,将有源扬声器输入端插入"解调信号"插座,加晶体偏压或旋转波片使电光晶体进入调制特性曲线的线性区域,即可以使扬声器播放音频。改变电压或旋转波片试听扬声器音量与音质的变化,用不透光物体遮住激光光线,声音消失,说明音频信号是调制在激光上的,验证了光通信。

【实验数据及结果】

根据测得的数据在方格纸上描出直流电压与输出电压之间的曲线,曲线上输出电压达到最大值时所对应的直流电压即为电光晶体的半波电压。根据电光晶体的尺寸就可以计算出其电光常数。

【注意事项】

(1)本实验使用的电光晶体根据其绝缘性能最大安全电压约为 500 V,超过最大值易损坏晶体。

(2)本实验仪采用的激光器电源两极有千伏高压,在使用时要注意安全!

(3)在实验过程中,应避免激光直射人眼,以免对眼睛造成伤害。

(4)本实验所用光学器件均为精密仪器,在使用时应十分小心。

【思考题】

为什么起偏器的作用是减光器,输入电光调制器的入射光强的变化遵循什么规律? 说明之。

第4章 材料物理实验

本章共有紫外-可见光光谱原理与表征、荧光光谱的原理及其表征、高效液相色谱的原理和对富勒烯材料的分离及 X 射线衍射实验等 4 个材料物理实验。

实验 4-1 紫外-可见光光谱原理与表征

【实验目的】

（1）了解紫外-可见光光谱的原理。

（2）测试并分析样品的紫外-可见光光谱。

【实验仪器】

UV-2600 型紫外-可见光光谱仪。

【实验原理】

紫外-可见光光谱是物质在紫外、可见光辐射作用下分子外层电子在电子能级间跃迁而产生的,故又称电子光谱。由于分子振动能级跃迁与转动能级跃迁所需能量远小于分子电子能级跃迁所需能量,故在电子能级跃迁的同时伴有振动能级与转动能级的跃迁,即电子能级跃迁产生的紫外-可见光光谱中包含有振动能级与转动能级跃迁产生的谱线,也即分子的紫外-可见光光谱是由谱线非常接近甚至重叠的吸收带组成的带状光谱。对于半导体纳米材料,当粒子半径小于或等于 α_B(激子玻尔半径)时,会出现激子光吸收带。相对常规块体材料,纳米材料的光吸收带往往会出现蓝移或红移现象。

【实验仪器和材料】

仪器:岛津紫外-可见光光谱仪。

试剂:罗丹明 B,配制罗丹明 B 的样品质量浓度分别为 30 g/L、20 g/L、10 g/L、5 g/L 试样各一份。

【实验内容及步骤】

(1)首先,打开仪器电源,预热大约 10 min。

(2)将两个石英样品池用溶剂清洗干净,然后分别加入溶剂做基线扫描。

(3)将样品池中的溶剂倒掉,加入待测试的样品,开始扫描样品,获得需要的紫外-可见光光谱,并对光谱做相应的分析。

【实验数据及结果】

(1)测试样品的紫外-可见光光谱。

(2)分析紫外-可见光光谱的吸收峰,计算出样品的光学带隙大小。

(3)比较同种样品、不同样品浓度下的紫外-可见光光谱的区别。

【思考题】

影响样品的紫外-可见光光谱的因素有哪些?

实验 4-2　荧光光谱的原理及其表征

【实验目的】

(1)掌握荧光分光光度计的基本原理及使用。

(2)了解荧光分光光度计的构造和各组成部分的作用。

(3)掌握分子荧光分光光度计测定物质的特征荧光光谱、激发光谱、发射光谱的方法。

【实验仪器和材料】

仪器:HORIBA FluoroMax-4 荧光光谱仪

试剂:罗丹明 B,2-萘酚,碘化-3,3'-二乙基氧杂二羰花青,质量浓度分别为 40 g/L、30 g/L、20 g/L、10 g/L,以及未知浓度试样一份。

【实验原理】

1. 激发光谱与发射光谱

具有不饱和基团的基态分子或常见的共轭分子等经一定波长的光照射后,价电子产生跃迁,当电子从激发态的各个振动能级回到基态时会产生光辐射。

激发光谱:指发光的某一谱线或谱带的强度随激发光波长(或频率)变化的曲线。横坐标为激发光波长,纵坐标为发光相对强度。激发光谱反映不同波长的光激发材料产生光的效果,即表示发光的某一谱线或谱带可以被什么波长的光激发,激发的强度是高还是低;同样也可以表示不同波长的光激发材料时,材料发出某一波长光的效率。

荧光为光致发光,合适的激发光波长通常根据激发光谱确定(也可以通过紫外-可见光光谱来确定)。激发光谱是在固定荧光波长下,测量得到的荧光物质的荧光强度随激发波长变化的光谱;获得方法:先把第二单色器光的波长固定,使测定的 λ_{em}(发射波长)不变,改变第一单色器光的波长,让不同波长的光照在荧光物质上,测定它的荧光强度,以 I 为纵坐标,λ_{ex}(激发波长)为横坐标所得图谱即荧光物质的激发光谱,从曲线上找出最大的 λ_{ex},实际实验中选波长较长的高波长峰。

发射光谱表示发光的能量随波长或频率的分布情况。通常实验测量的是发光的相对强度。发射光谱中,横坐标为波长(或频率),纵坐标为发光相对强度。发射光谱常分为带谱和线谱,有时也会出现既有带谱,又有线谱的情况。发射光谱的获得方法:先把第一单色器光的波长固定,使激发的光的 λ_{ex} 不变,改变第二单色器光的波长,让不同波长的光扫描荧光物质,测定它的发光强度,以 I 为纵坐标,λ_{em} 为横坐标得到的图谱即荧光物质的发射光谱,从曲线上找出最大的 λ_{em}。

2.荧光分光光度计

荧光分光光度计包括 4 部分,如图 4-2-1 所示,即光源、样品池、双单色器系统、检测器。特殊点是有两个单色器,光源与检测器通常成直角。

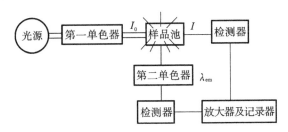

图 4-2-1　分子荧光分析仪原理示意图

单色器:选择激发光波长的第一单色器和选择发射光(测量)波长的第二单色器。

光源:氙灯、高压汞灯、激光器(可见与紫外区)。

检测器:光电倍增管。

【实验内容及步骤】

(1)按照实验原理中的方法分别扫描得到罗丹明 B、2-萘酚、碘化-3,3′-二乙基氧杂二羰花青(选取最高质量浓度的标准样品)的分子荧光光谱,确定三者各自的激发波长 λ_{ex} 和发射波长 λ_{em}。扫描确定未知溶液的 λ_{ex} 和 λ_{em},根据图谱形状和激发、发射最大波长等信息确定未知溶液的物质种类。

(2)在选定的激发波长 λ_{ex} 和发射波长 λ_{em} 下,测定不同质量浓度的碘化-3,3′-二乙基氧杂二羰花青标准溶液的相对荧光强度。

(3)以相对荧光强度为纵坐标,以标准溶液的质量浓度为横坐标,绘制碘化-3,3'-二乙基氧杂二羰花青的标准曲线。

(4)依据碘化-3,3'-二乙基氧杂二羰花青的标准曲线和未知溶液在λ_{ex}和λ_{em}时的相对荧光强度(由步骤1已确定为羰花青溶液)推算出其质量浓度。

【实验数据及结果】

发射光谱与激发光谱没有直接关系,发射光谱波长一般比激发光谱波长要长。从荧光光谱上可得出罗丹明 B 的λ_{em}(max)为 566 nm,2-萘酚的λ_{em}(max)为 368 nm。具有共轭体系的芳环或杂环化合物,其电子共轭程度越大,越易产生荧光;环越多,共轭程度越大,产生荧光波长越长,发射的荧光强度越强。分析两种物质分子结构可知,罗丹明 B 共轭程度更大,因此荧光波长更长,与实验值相符合。

【注意事项】

(1)实验图中有许多尖峰属于误差,最大值应当选择平缓的位置,避免尖峰位置。

(2)若在标准曲线上可以看到有一数据点严重偏离曲线,则应舍去,可能是实验时间短暂、操作上的误差、选择激发波长不合理等原因造成的。

【思考题】

(1)能否通过荧光光谱计算出荧光分子的带隙?

(2)荧光分子的结构刚度对荧光光谱的峰位置是否有影响,规律是什么?

实验 4-3 高效液相色谱的原理和对富勒烯材料的分离

【实验目的】

(1)了解并初步掌握高效液相色谱仪的基本原理与构造。

(2)了解高效液相色谱仪常用的几种检测器的工作原理和使用范围。

(3)学习高效液相色谱法分离化合物和检测化合物的含量的方法。

(4)通过对样品的定性、定量测定,初步掌握获得高效液相色谱谱图和数据的一般操作程序与技术。

(5)了解影响测定结果的重要因素,学会优化分析条件。

【实验仪器和材料】

仪器:高效液相色谱仪(配 DAD 检测器);BP 富勒烯分离柱;容量瓶。
试剂:分析纯甲苯,有机相和水相滤膜;高纯富勒烯样品。

【实验原理】

高效液相色谱分离是由于试样中各组分在色谱柱中的淋洗液和固定相间的分配系数不同,当试样随着流动相进入色谱柱中后,组分就在其中的两相间进行反复多次($10^3 \sim 10^6$)的分配(吸附—脱附—放出),由于固定相对各种组分的吸附能力不同(即保存作用不同),因此各组分在色谱柱中的运行速度就不同,经过一定的柱长后,便彼此分离,顺序离开色谱柱进入检测器,产生的离子流信号经放大后,可在记录器上描绘出各组分的色谱峰。

【实验内容及步骤】

(1)色谱条件:色谱柱;流动相,甲苯;检测波长,330 nm;流速,1 mL/min;柱温,25 ℃ 。
(2)进样溶液的配制:将电弧放电法制备的炭灰溶解在甲苯中,超声处理 30 min,然后过滤,置于 25 mL 容量瓶中。
(3)样品的配制:准确称取一定量的富勒烯样品(精确至 0.0001 g),置于 25 mL 容量瓶中,用流动相稀释、定容,配制成样品。
(4)定性、定量方法:保留时间定性;峰高、峰面积定量(归一法、外标法、内标法、标准加入法)。
(5)方法可行性的验证:联用技术进一步定性;准确度、精密度实验。

【仪器操作】

(1)打开计算机电源,进入计算机开机界面,同时打开色谱仪的电源,然后运行色谱软件,设置所需各项参数(包括流动相的流动速率、检测器的检测波长等)。
(2)设置分析用流动相清洗流路,等待色谱柱、系统平衡,基线稳定后开始进样分析。
(3)分析结束,数据处理,打印报告。
(4)关闭柱温箱和检测器,冲洗色谱柱,关闭脱气机、泵,关闭整个装置,关闭总电源。
(5)在记录本上记录使用情况。

【实验数据及结果】

(1)先将得到的图谱转换成 TXT 文件,保存到指定的文件夹中,并对不同的数据进行命名,然后,将数据导入 Origin 软件中,进行数据图谱的重现,获得不同样品在不同速率下的保留时间、不同组分的色谱峰面积。

（2）通过分析色谱峰的保留时间和峰面积，定量分析物质的种类和含量。

【方法学考察】

（1）线性相关性测定：配制浓度分别为 0.01 mol/L、0.02 mol/L、0.06 mol/L、0.08 mol/L、0.1 mol/L 的标准品溶液，分别进行分析，以浓度为纵坐标，峰面积为横坐标作图，检测方法的线性范围和相关性。

（2）方法的精密度：在要求的色谱条件下，分别配制 4 种不同浓度的样品溶液，将样品注入色谱仪获得相应的液相色谱图，通过峰面积计算样品含量、变异系数以及标准偏差。

（3）方法的准确度：采用标准加入法，在已知含量的样品中滴加一定量标准溶液，在要求的色谱条件下测定添加标准样品前后目标组分的峰面积（或峰高）变化，从而计算出待测样品含量。

【思考题】

（1）简述高效液相色谱的工作原理和分离操作技巧。

（2）如何确定不同富勒烯样品的保留时间，并通过保留时间推测富勒烯样品的类型？

实验 4-4   X 射线衍射实验

【实验目的】

（1）了解 X 射线衍射仪的结构。

（2）熟悉 X 射线衍射仪的工作原理。

（3）掌握 X 射线衍射仪的基本操作。

【实验仪器】

X 射线衍射仪的基本构造如图 4-4-1 所示，主要部件包括四部分。

（1）高稳定度 X 射线源：提供测量所需的 X 射线，改变 X 射线管阳极靶材质可改变 X 射线的波长，调节阳极电压可控制 X 射线的强度。

（2）样品及样品位置取向的调整机构系统，样品是单晶、粉末、多晶或微晶的固体块。

（3）射线检测器：检测衍射强度或同时检测衍射方向，通过仪器测量记录系统或计算机处理系统可以得到多晶衍射图谱数据。

（4）衍射图的处理分析系统：现代 X 射线衍射仪都附带安装有专用衍射图处理分析软件的计算机系统，其特点是自动化和智能化。

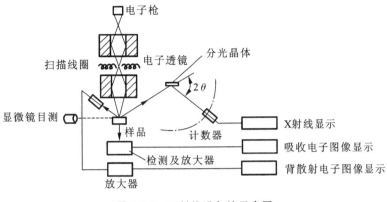

图 4-4-1　X 射线设备的示意图

【实验原理】

X 射线是原子内层电子在高速运动电子的轰击下跃迁而产生的光辐射,主要有连续 X 射线和特征 X 射线两种。晶体可用作 X 射线的光栅,这些很大数目的原子或离子、分子所产生的相干散射将会发生光的干涉作用,从而使散射的 X 射线的强度增强或减弱。大量原子散射波的叠加,互相干涉而产生的最大强度的光束称为 X 射线的衍射线。

若 X 射线满足衍射条件,可应用布拉格公式:

$$2d\sin\theta = \lambda$$

应用已知波长的 X 射线来测量 θ 角,从而计算出晶面间距 d,这可用于 X 射线结构分析;另一个是应用已知 d 的晶体来测量 θ 角,从而计算出特征 X 射线的波长,进而可根据已有资料查出试样中所含的元素。

【实验内容及步骤】

(1)开启循环水系统:将循环水系统上的钥匙拧向竖直方向,打开循环水系统上的控制器开关"ON",此时界面会显示流量,打开按钮"RUN"即可。调节水压使流量超过 3.8 L/min,如果流量小于 3.8 L/min,高压将不能开启。

(2)开启主机电源:打开交流伺服稳压电源,即把开关扳到"ON"的位置,然后按开关上面的绿色按钮"FAST START",此时主机控制面板上的"stand by"灯亮。

(3)按下 X'Pert 仪器上的"Light"(第三个按钮),打开仪器内部的照明灯。

(4)关好门,把"HT"钥匙转动 90°,拧向平行位置,按下 X'Pert 仪器上的"Power on"(第一个按钮),此时"HT"指示灯亮,"HT"指示灯下面的四个小指示灯也会亮,并且会有电压(15 kV)和电流(5 mA)显示,等待电压电流稳定下来。如果没有电压电流显示,把钥匙拧向竖直位置稍等 30 s 再把钥匙拧向平行位置,重复此操作,直到"HT"指示灯亮。

(5)点击桌面上的 X'Pert Data Collector 软件,输入账号、密码。

(6)点击菜单"Instrument"的下拉菜单"Connect",进行仪器连接,出现对话框,点击"OK",再出来对话框还点击"OK",此时软件的左侧会出现参数设定界面"Flat Sample

Stage”。

(7)“Flat Sample Stage”界面共有 3 个选项卡，“Instrument Settings”，“Incident Beam Optics”和“Diffracted Beam Optics”，设备老化和电压电流操作均在“Instrument Settings”下设定，后两个选项卡的参数设定一般不动。

(8)如果两次操作间隔在 100 h 以上应选择正常老化，间隔在 24～100 h 之间应选择快速老化。老化的方式：在第 7 步的“Instrument Settings”下，点击“Diffractometer”→“X-ray”→“Generator”（点击前面的小“＋”号），此时“Generator”下面有三个参数：“Status”，“Tension”和“Current”。双击这三个参数中的任一个或者右击其中的任一个选择“change”，会出现“Instrument Settings”对话框，此时正定位在此对话框的第三个选项卡“X-ray”上，界面上有“X-Ray generator”，“X-Ray tube”和“Shutter”三项，点击“X-Ray tube”下的“Breed”按钮，会出现“Tube Breeding”对话框。选择“Breed X-Ray tube”的方式：“at normal speed”或者“fast”，然后点击“ok”，光管开始老化，鼠标显示忙碌状态。老化完毕后，先增大电压后增大电流，每间隔 5 kV、5 mA 地升至 40 kV、40 mA，即设备将在 40 kV 和 40 mA 的状态下工作。

(9)试样制备：根据样品的量选择相应的试样板，应尽量使粉体或者颗粒工作面平整。

(10)打开设备门，放入样品，把门合上，应合紧，否则会提示“Enclosure（doors）not closed”的错误。

(11)首先选择“project”，点击 X′Pert Data Collector 软件中的“Customize”菜单下的“Select Project”，出现“Select Current Project”的对话框，选择自己的文件夹，点击“ok”即可。如果还没有自己的“project”，打开 X′Pert Organizer 软件，点击菜单“Users & Projects”菜单下的“Edit Projects”，点击“New”，出现“New Project”对话框，新建自己的“project”，点击“ok”即可。然后重复第 11 步前半部分。

(12)点击菜单“Measure”下的“Program”，出现“Open Program”对话框，默认“Program type”为“Absolute scan”，默认选择“cell-scan”，点击“ok”，出现“Start”对话框，由于第 11 步的工作，所以“Project name”一栏已经选择在自己的文件夹，在“Data set name”一栏填入试样代号，点击“ok”，即开始扫描。

(13)开始扫描后会出现“Positioning the instrument”，然后“咔”的一声，仪器门锁上，仪器两臂抬起，开始扫描试样，默认衍射角 10°～80°。

(14)扫描结束后“咔”的一声，仪器两臂开始降落，显示“Positioning the instrument”，此时一定要等两臂降下来（衍射角约为 12°时）之后再开门，不然又会提示“Enclosure（doors）not closed”的错误。

(15)测试结束后，先减小电流再减小电压，把电流和电压分别降到 10 mA 和 30 kV（每间隔 5 mA、5 kV 下降），将钥匙转动 90°到竖直位置，关闭高压电源；等待约 2 min 后按下“Stand by”按钮，关闭主机和循环水系统。如果下次测试时间间隔不超过 20 h，就不用关闭高压电源（不拧钥匙），不关主机和循环水系统，但是要把电流和电压降下来。

(16)导出数据。打开 X′Pert Organizer 软件，点击“Database”→“Export”→“Scans”，出来“Export scans”对话框，点击“Filter”按钮，通过过滤，查找到相应文件，找到后选中，点击“ok”，然后点击“Folder”找到存放的目录，点击“ok”，然后把“rd”和“csv”的格式勾上，并全部选中，点击“ok”即可。

(17)光盘刻录。准备好空白光盘,打开刻录软件,按照提示操作。

【实验数据及结果】

记录试样的 X 射线衍射图谱,并根据图谱查出试样所含的元素。

【思考题】

(1)如何理解半高宽、积分半高宽?

(2)简述晶体和非晶体、衍射现象、粉晶 X 射线衍射原理、连续谱概念及其机理、特征谱概念及其产生机理。

参 考 文 献

［1］ 吴思诚,王祖铨.近代物理实验[M].2版.北京:北京大学出版社,1995.

［2］ 杨福家.原子物理学[M].3版.北京:高等教育出版社,2010.

［3］ 伍长征.激光物理学[M].上海:复旦大学出版社,1989.

［4］ 戴道宣,戴乐山.近代物理实验[M].北京:高等教育出版社,2006.

［5］ 北京分析仪器厂,北京师范大学物理系.核磁共振谱仪及其应用[M].北京:科学出版
社,1974.

［6］ 董有尔,张天喆.近代物理实验[M].北京:科学出版社,2007.

［7］ 邬鸿彦,朱明刚.近代物理实验[M].北京:科学出版社,1998.

［8］ 王庆有.光电技术[M].北京:电子工业出版社,2013.

［9］ 朱京平.光电子技术[M].2版.北京:科学出版社,2009.

［10］ 贺顺忠.工程光学实验教程[M].北京:机械工业出版社,2007.

［11］ 罗元,胡章芳,郑培超.信息光学实验教程[M].哈尔滨:哈尔滨工业大学出版社,2011.

［12］ 苏显渝.信息光学[M].2版.北京:科学出版社,2011.

［13］ 吕乃光.傅里叶光学[M].2版.北京:机械工业出版社,2006.

［14］ 陈家璧,苏显渝.光学信息技术原理及应用[M].北京:高等教育出版社,2002.